让女生变得更加美丽

张琛玲·编著

吉林文史出版社

图书在版编目（CIP）数据

让女生变得更加美丽 / 张琛玲编著. —长春：吉
林文史出版社，2017.5
ISBN 978-7-5472-4327-5

Ⅰ.①让… Ⅱ.①张… Ⅲ.①女性—修养—青少年读
物 Ⅳ.①B825.4-49

中国版本图书馆CIP数据核字（2017）第140214号

让女生变得更加美丽
Rangnüsheng Biande Gengjia Meili

编　　著：张琛玲
责任编辑：李相梅
责任校对：赵丹瑜
出版发行：吉林文史出版社（长春市人民大街4646号）
印　　刷：永清县晔盛亚胶印有限公司印刷
开　　本：720mm×1000mm　1/16
印　　张：12
字　　数：129千字
标准书号：ISBN 978-7-5472-4327-5
版　　次：2017年10月第1版
印　　次：2017年10月第1次
定　　价：35.80元

目 录

CONTENTS

腹有诗书气自华

美丽不仅是一种视觉效果，更是一种感觉，是一种由内而外散发出的气质之美。上帝是小气的，只将倾国倾城的容貌赐予少数人，而大多数人生得很普通。网上流传着一句谚语，"人丑就该多读书"，小编并不这么认为，读书是女生自我修养的重要方法，与一个人的外貌一点关系都没有。

人们常说，腹有诗书气自华。容颜如花，气质如酒。美丽的容颜会随着时光的流逝而远离我们，如花朵凋零一般；而气质就像酒一般，不仅不会随着时光而流逝，而且会在时光中酝酿，愈久弥香。

喜欢看《红楼梦》，并不因为别的，只是特别钟情于书中的众多女孩儿们，尤其是大观园内的几个才女。黛玉的聪明灵秀，宝钗的端庄典雅,湘云的乐观通达，这些女孩都有一个共同

7

的特点——爱读书。她们的一言一行里无不带着其良好的文化修养。当然，不同的书会塑造女孩们不同的气质。

一、诗歌般的女孩

林弦思是班上数一数二的古典气质美女，也是我们这一群男生心中的女神之一。我已经注意她很久了。记得开学那会儿，大家在班上自我介绍。当时她说："大家好，我的名字叫林弦思。琴弦的'弦'，思念的'思'。这个名字来自晏几道的《临江仙》'琵琶弦上说相思。当时明月在，曾照彩云归'的句子。"那天班上所有人都到讲台上自我介绍了，可是我只记住了她——林弦思。名字取得很有诗意，而她本人，则更是美丽出尘。

你别误会我的意思，我说的美丽出尘并不是说她长得有多么漂亮。事实上，她的长相是比较普通的，充其量只能算是清秀。但是，当这个女孩儿站在你面前的时候，除了美丽出尘，你完全找不到别的词去形容她。所以，我说的"美丽出尘"，是指她的气质，或者说她给人的感觉。

她虽然长相普通，但却是大家公认的美女。怎么说呢，可能是由于读书多的原因，一言一行一颦一笑之间，带出来的风度，就与一般的女生不一样。

"所谓美人者，当以花为貌，以鸟为声，以月为神，以柳为态，以玉为骨，以冰雪为肤，以诗词为心，以翰墨为香……"这是古人评判美人的标准。但在我看来，这要求也太高了，既要外在的容貌，又要内在的修养。如果在容貌和修养之间一定要做一个选择的话，我一定会选择有内在修养的女生，比如林弦思。

　　在班上相处一段时间之后，我发现林弦思是一个特别喜欢诗歌的女孩，从中国古典诗词，到现代的海子、北岛等人，到外国的泰戈尔、雪莱等等。记得那次语文课，老师讲《诗经》的《氓》，全班的同学都还没把诗读通顺，她就已经会背诵了。"氓之蚩蚩，抱布贸丝……"她站在教室里当着全班同学的面一字一句地背诵着，声音温润如玉，有如银铃一般悦耳动听。阳光穿过窗外的树丛细细地洒在她身上，轻柔的发丝随着微风摇曳生姿。那一刻的她，美丽不可方物。

　　因为喜欢她，我也开始读诗，发现越读越喜欢。读得越多，就越发现林弦思是一个诗歌般的女孩儿。她不能像貂蝉西施那样顾盼生姿，却也当得起"巧笑倩兮，美目盼兮"八个字。身上总是带着一种古典而浪漫的气息，让人难以忘怀。

　　我喜欢她，却没有勇气向她表白。现在，我们像普通的高中同学一样，已经各奔前程，散落在天涯了。但是那个窗下读诗的倩影，那温润悦耳的嗓音，那古典浪漫的气质，我想，这辈子我都会舍不得忘怀的。在我记忆里有这样一个热爱诗歌的女孩儿，她叫林弦思。

　　二、做一个知性女孩儿

　　脸上露出温婉知性的笑容，眼睛明亮而深邃，谈吐幽默而富有智慧，举手投足优雅得体，处处流露出良好的个人修养。这样的女孩儿，谁能说她是不美丽的呢？

　　知性这个词绝不仅仅适用于30岁上下的女人，也适用于正当青春年华的女孩儿。或者说，知性的女人是从女孩儿时期就开始养成的。知性是一种性情，也是一种气质，也是女孩身上最美的装饰品。与妆容服饰首饰不同的是，知性是知性女孩的一部分，是永远洗不掉的妆容，是脱不下的衣服和首饰。她们不需要过多地借助外在的装饰，就已经足够吸引人。

知性女孩喜爱读书，喜爱文艺，喜欢旅行，热爱生活。她们会从书里、电影里、戏剧里和现实的生活里不断地感悟到新的东西，她们有一套自己的行为方式和处世哲学。她们美丽大方，优雅知性，独立自主，魅力无穷。女孩儿们，你们想让自己成为一个知性女孩儿吗？

三、知识、智慧与气质

有人说，知识是可以传授的，而智慧是不能传授的。在学校里，老师教给我们知识，却无法教给我们智慧。智慧是靠自己从生活中慢慢体会、领悟出来的。那么气质呢？气质是知识与智慧交叠碰撞的产物。就像酿酒一样，最好的葡萄遇到最好的泉水，在时间中相互碰撞、交融，最后成为芳香四溢的美酒。酝酿的时间越长，美酒就越是香甜。

当然，每个人的现实生活都是有限的，能从中学到的知识、领悟到的智慧更是有限。所以，书籍和电影为我们打开了一扇窗户，一扇通向更广阔世界的窗户。在那片更广阔的世界里，我们可以获得与平常生活不一样的体验。我们可以从书籍里提炼出更多更丰富的知识与智慧。而这些，终将在女孩们的心中酿成美酒，酿成每个女孩独特的魅力气质。

自信的女孩更美丽

一说到Pretty girl（美丽女孩），我们脑袋里会冒出怎样的一些影子呢？是梅艳芳那深邃多情的眼神，还是安吉丽娜性感的烈焰红唇？是张曼玉从容优雅的笑容，还是王祖贤温柔有礼的举止？

最忘不了的，是一个叫奥黛丽·赫本的女孩儿。无论是《罗马假日》渴望自由、调皮可爱的公主，还是《蒂凡尼的早餐》里优雅单纯的交际花，还是《窈窕淑女》里那个麻雀变凤凰的小女孩儿，还是《甜姐儿》里那个纯洁又知性的时尚界宠儿，她都是那么美。即使是在晚年，她那张不施粉黛的脸，看上去依然是美的。对于平常人来说，岁月是把杀猪刀，但是对于她来说，岁月是把雕刻刀，能将她塑造得越来越美。

那些历经了时光的洗礼依然光华不减的女人们，她们有一个共同的特点——自信。

一、自信的女孩——美丽篇

20世纪20年代的上海。

她长相清秀，也算得上是漂亮，却并不是那种特别出众的大美人。家里祖孙三代的女人们里，就属她长得最平庸。她看过母亲和外祖母年轻时的照片，她们都是很出挑的大美人。跟着母亲和外祖母上照相馆时，她觉得自己简直就是一群白天鹅里的丑小鸭。为什么自己就长得这样平庸呢？她有些沮丧地想。

一天，路过那家照相馆时，意外地看见自己的照片被贴在照相馆门口。进去质问，那老板兼摄影师说，她的这张照片很好看，所以才挂在门口，招揽生意。那一刻，她笑了。平时老听到母亲和外祖母在叨叨"这孩子怎么长得这样丑"，摄影师是第一个夸她漂亮的。那一刻，她觉得阳光灿烂。

不久，摄影师给她寄了一本杂志，里面有她的照片，说是得奖了。母亲和外祖母一边为她开心一边嫉妒——要是晚生个20年，她们的照片也能得奖。

一个月后，她在报纸上看到一条选美比赛的报道。她决定参加选美。母亲和外祖母都摇头，这样的女孩儿，参加选美就是给真正的美女做陪衬嘛！但她还是参加了，凭着她清秀的容貌、恬静的气质、优雅的举止和自信的笑容，一路过关斩将，杀到了总决赛。

决赛那天晚上，她剪了短短的头发，一身雪白的公主长裙，更显清新。一位大老板模样的人凑过来说："喂，你这身衣服也太素了吧。"她回过头，自信地一笑，说："今天晚上，只有扔玫瑰的人，才有资格说我穿得好不好看。"那天晚上，她得了这次选美比赛的季军。不知道有多少比她美丽比她妩媚比她妖娆的女人都败在她的手下。

自信是女孩最美的外衣，它能让别人看到自己最美的一面。

二、自信的女孩——爱情篇

林一若捡到一个手机，看款式应该是男生用的。

吴桐确认了一遍那边的女声报过来的号码，正准备问人家名字，顺便说声谢谢，没想到电话突然挂断了。一看手机，没电了，一点小小的懊恼在脑袋里蔓延开来。说老实话，电话那头的女声还真好听，清脆又带一点甜腻，跟猫一样。吴桐把已经关机的手机扔给对面床的哥们儿让他给充电，一边想着明天怎么好好感谢人家补救补救，今天不仅没谢谢人家还骂了人家。

翌日上午，林一若打电话过去，把时间定在了下午五点，在一家还不错的小餐厅见面，座位也订好了。吴桐刚听到这个女孩名字还在心里小小地赞叹了一下，随即头脑里浮现出了董洁的脸蛋……这个念头刚闪过吴桐就不痛快起来，一向认为自己不像宿舍的那伙色狼，看到女生第一反应就是相貌身材，看见美女脖子能自动延长3厘米。怎么还没见面就幻想起对方长什么模样了？

当吴桐出现在那家餐厅预定的座位上时，林一若险些冲过去告诉他这桌是有人预定的。她看着那男孩儿实在不像是来拿手机的样子，他看起来更像是来约会的。他购物袋，里面装的看上去是零食，右手提着一个竹编的篮子，是一盆鸢尾草，长了花苞，但还没有开。穿着挺好看的休闲西装，从林一若旁边经过时还闻得到淡淡的青草香。看他的背影还像是昨天被划包的男孩儿，林一若总算忍住了没冲过去。

吴桐坐下之后跟服务员要了一杯水，就开始四处打量，很不自在，老觉得后背在冒汗，于是回头看了一下。只见后面一个长头发齐刘海的女孩正在埋头苦吃。吴桐回过头，侍者已经端来了水，又给了他一张纸条。

"出门右转100米，某某超市的第某某号储物柜"，纸条还包着一张有条形码的小纸条。吴桐忽然想起了香港警匪片里的绑架情节。

毫无疑问，那储物箱里也是一张纸条。于是吴桐只好按照纸条的线索去寻找下一张纸条。林一若悄悄地跟在他后面，只想着看笑话，完全忽略了自己被发现的可能性。吴桐顺着纸条的线索，在银行的自动取款机下面、电话亭的缝隙里、大头贴机器上面，甚至是商场的男洗手间里找到了纸条。他还奇怪一个女孩怎么跑到男洗手间呢。

最后一张纸条上写了"这是最后一张了"，是指向公园摩天轮售票处的，吴桐忽然有一种如释重负之感。但是上天没让他真正地如释重负，因为在摩天轮售票处啥都没找到，也问了卖票的老头，什么也没问出来。林一若看着他在售票处急得直蹦的样子，禁不住笑了起来。总算整到他了。找了身边一个小朋友，给了他一块糖，让他把手机送给那个大哥哥，说大哥哥会给他钱的。

吴桐从小孩手里接过手机，往小孩指的方向看过去，哪里还有什么大姐姐。一种怅然若失的感觉。

林一若在假山的这边看着男孩儿拿回自己的手机，在原地站着张望了一会就走了，心里突然有种酸酸的感觉，坐在山石上发呆。突然头顶被什么敲了一下，抬头，一张干净明朗的笑脸，没错，就是吴桐。"林一若美女，愿意赏脸和我坐一次摩天轮吗？"……

美丽女孩的私人书单

淑女和"书女"之间看似是不同品种，实际上，一个由内而外透出优雅美丽气质的真正淑女，在家其实都是"书女"。腹有诗书气自华，书籍不仅可以给女生们打开通往另一个世界的窗户，还可以由内而外地陶冶一个人的性情和气质。女孩儿们往往在看书的过程中成长，对世界、对人生会有新的看法。言行举止也随着心性的成熟而变得更加优雅自信、大方得体。书籍是人类进步的阶梯，也是女孩儿成长的阶梯。

一、《小王子》《夜莺与玫瑰》

《小王子》是法国作家安东尼·德·圣埃克苏佩里的经典之作，在童话类的小说中占有无可替代的地位。很多人认为童话是写给小孩子看的。其实不然，许多经典的童话故事适合任何年龄段的人阅读。《小王子》就是这样。

《小王子》的故事很简单，讲的是一个小行星上的小王子旅行到地球的故事。小王子在他的星球上有一株漂亮又娇气的小玫瑰。他很爱小玫瑰，对她百般呵护，可是玫瑰不太爱搭理他。失望的小王子决定去旅行。告别了小玫瑰之后，在各个小行星之间游走，碰到各种各样的人，有数学家、商人、点灯的人……他对这些人多少有些失望，所以离开了。最后，小王子来到了地球，坠落在一片沙漠中，遇到了飞行员"我"。飞行员的飞机坏在沙漠里了。于是，小王子就和飞行员聊天，聊地球，聊小玫瑰，他们还一起去找沙漠里的井。小王子在地球上旅行，路过花园，看到无数和小玫瑰一样的玫瑰花，遇到一只沙漠狐狸。狐狸爱上了他，但是他只爱他的小玫瑰。故事的最后，小王子被蛇咬了一口，从地球上消失了，回到了他的小行星。

很多女生喜欢这个故事的原因，是因为觉得故事里有自己的影子。很多人都认为自己是那只被小王子驯养的狐狸，而大多数女生则渴望成为那朵被爱着的小玫瑰。这本书不仅文字清新，想象丰富，还融合了许多作者的人生感受。比如小玫瑰，在小王子眼里她是独一无二的，但是在地球上她只是很普通的一朵玫瑰。一个普通的人会因为爱与被爱而变成独一无二的人。

对这本书感兴趣的女生，还可以去读一读安东尼的传记，写得妙趣横生。而且，读完这本传记，也能对《小王子》这部作品有更深的了解。据说，书中小玫瑰的原型是他的妻子。两人都是对方一生的挚爱，却因为种种原因而不能生活在一起。这本书原本就是安东尼献给妻子的礼物。

《夜莺与玫瑰》讲的是一个凄美的爱情故事。夜莺爱上了一个男孩，而男孩儿爱上了一位可爱的姑娘。男孩为了追求姑娘，想要在舞会上送她一朵红玫瑰，而他手里只有一朵白玫瑰。为此，他苦恼不已。故事的最后，男孩拿到了他盼望已久的红玫瑰，而夜莺却倒在了血泊之中。

这个故事本身很凄美，感动了好几代人。女孩们可以从故事看到爱，看到被爱，看到付出，看到牺牲，看到勇气……当然，对于夜莺的做法，很多人抱有不同的观点，有人认为她很勇敢，而有人认为她太傻太笨。关于这个问题，见仁见智。

小编认为，无论夜莺的做法对不对，我们都应该看到，爱情往往是伴随着付出甚至是牺牲的。爱情因为不求回报的付出而美丽。爱情中的女孩不要太执着于得到，而要看看自己为对方付出了多少。

二、《挪威的森林》《红楼梦》

之所以推荐这两本书，实在是因为这两本书里描写的女性形象太突出，太值得女生们学习借鉴了。

《挪威的森林》是日本作家村上春树的代表作之一。小说讲了大学生渡边与两个女生——直子和绿子的爱情故事。故事本身写得凄美动人。

小说中塑造的两个女主角直子和绿子，都非常地富有魅力。她们不仅仅只是两个女生，而是两种类型女生的代表。这两种类型的女生本身都是很有魅力的。

直子温婉娴雅，纯净透明。与直子一个类型的女生还有初美。如果说直子是纯洁的小家碧玉的话，那么初美就是超凡出尘的大家闺秀。两人一样娴静优雅，清新脱俗。不过作者有些残忍，最后这两个女孩都死了。

绿子大胆活泼、生气勃勃，在男主角与直子分开的期间，几乎占据了他所有的心灵空间。她是那种活生生的女孩儿，在行走，在呼吸，在跳动，宛如从森林里蹦跳出来的小鹿一般。

直子和绿子几乎代表了作者眼中所有美丽的女孩，一种是直子这样的，另一种是绿子那样的。

《红楼梦》这本书本身内容丰富，既有大家族的没落，又有凄美的爱情故事，还饱含了作者的生命情怀，对于美的歌颂……自然，《红楼梦》里的众多女儿形象也向来为人所津津乐道。

一提到《红楼梦》，很多人会立刻想到宝黛的爱情。那么，林黛玉为什么能得到贾宝玉的爱情呢？林黛玉的相貌其实是不重要的，她常年生病，肯定气色总是不大好，这样的女生在外表上是不怎么好看的。但是她非常有才华，很会写诗，在公共场合说话也很幽默，情商高，脾气性情都是一副"妹妹气"，这样的女生其实是很可爱的。难怪贾宝玉会情人眼里出西施，将她看得那么美。

另一个是薛宝钗，小编在前面已经说过，她为人做事很有一套。即使相貌并不好看，但人们也会觉得她美。这就是所谓的"相由心生"了。当你喜欢一个人时，她总是漂亮的；当你讨厌一个人时，她就是长得再美，在你眼里也是不怎么样的。

三、其他书目

小说类：

韩寒《三重门》《1988：我想和这个世界谈谈》

张悦然《水仙已成鲤鱼去》

安妮宝贝《素年锦时》《莲花》

张爱玲《倾城之恋》《金锁记》《红玫瑰与白玫瑰》《茉莉香片》

钱锺书《围城》

村上春树《旋转木马鏖战记》《遇到百分之百的女孩》《1Q84》

米兰·昆德拉《不能承受的生命之轻》

毛姆《刀锋》《人生的枷锁》《月亮与六便士》《寻欢作乐》

欧·亨利《麦琪的礼物》《爱的奉献》《警察与赞美诗》

诗歌类：

纳兰性德《纳兰词》

李清照《李易安集》

《唐诗三百首》

《宋词三百首》

《里尔克诗集》

《草叶集》

歌德《浮士德》

散文类：

由于当代散文家散文作品较多，但集结的少，所以小编就在这里推荐几个好的散文家吧：秦牧、史铁生、龙应台、林清玄等，散文的语言都很棒。

气质美女必看电影

　　一部好的电影就像一本书，需要人去反复品读、细细回味。电影与书不一样，看书需要发挥想象力，要细细地品味故事和语言的魅力，而电影是一种综合的视听艺术，在一部电影中我们能欣赏的东西很多，除了故事本身外，还有演员的表演、台词、配乐、画面、声效等等。总的来说，好的电影能让人们来一次心灵的放空，让人们忘掉压力和烦恼，尽情地沉浸到电影所构建的故事世界当中去。

　　现在，看电影也成为了人们重要的休闲娱乐方式之一，一部热门电影往往会成为人们茶余饭后的谈资。所以，女孩儿们，看电影也是有利于我们日常聊天交际的。下面，小编就为大家介绍几部魅力永存的经典电影，希望对大家有所帮助。

一、那托雷"时空三部曲"

意大利导演那托雷的《天堂电影院》（又译《星光伴我心》）、《海上钢琴师》（又译《声光伴我飞》）、《西西里美丽传说》（又译《真爱伴我行》）三部电影被誉为"时空三部曲"或者"寻找三部曲"。

在这三部电影中，导演运用了相同的叙事手法，即"追忆"，或者说是"回到"。在《天堂电影院》中，导演通过中年"多多"的回忆，进入到童年多多的故事，讲述那一段时间那个意大利小镇上的故事。在《海上钢琴师》中，通过钢琴师的朋友的讲述，讲述了钢琴师1900的一生。《西西里美丽传说》通过男孩"我"的视角，细致地回忆了女主角玛莲娜的命运起伏过程。

由于导演的叙述手法，使这三部电影中时空之间的相互转换成为影片的一大看点。导演诗话一般的讲述方式，也让这三部电影的故事非常富有浪漫传奇色彩。电影的画面也处理得相当唯美，柔和的光线让画面看上去有一种回忆特有的甜蜜感。故事中着重表现的意大利人热情开朗的性格也很有魅力。

最后，关于三部电影的主题，有人将它概括成"美之三部曲"。认为《天堂电影院》是对美的追忆，《海上钢琴师》讲述的是美与世俗的矛盾，而《西西里美丽传说》则讲美在人间被毁灭的过程。这样的看法不无道理。但是常言说得好，"有一千个读者，就有一千个哈姆莱特"，这三部电影到底表达了一些什么样的情感和思想，女孩们自己看了才知道。

二、爱情电影《恋恋笔记本》《苏州河》

爱情片里，值得推荐的电影实在太多了，小编特意选几个中外比较有代表性的电影作品，给大家介绍一下。

《恋恋笔记本》算得上是纯爱电影中的上乘之作。贵族女孩儿艾丽跟随家人来到一个海边小镇溪水镇避暑，在一次狂欢派对上遇见了高大帅气的男孩儿诺亚。两人一见钟情，迅速坠入了爱河。尽管艾丽出身上流社会，而诺亚不过是个乡下的穷小子，但这两人还是跨越了种种观念、文化上的障碍，热烈地相爱了。艾丽的家人知道后，很瞧不起诺亚的家世，暑假一过，便带着艾丽回到大城市了。分别之后，诺亚每天都给艾丽寄一封信，但都被艾丽的母亲扣下了。如此过了一年，第二次世界大战爆发。诺亚参军，成为了一名军人。7年过去了，艾丽刚好成为了一名随军护士，获得了一名叫隆的军官的爱情，两人已经到了谈婚论嫁的地步。

退役后的诺亚回到家乡，买下了当年与艾丽定情的小屋，把它改造成当年两人幻想的"温莎花园"，他一直认为只要温莎花园建成，艾丽就会回到他身边。但是一次去纽约办事的时候，他意外地在街上遇见跟别的男人在一起的艾丽，一直支撑他的信念瞬间崩塌了。

另一方面，隆向艾丽求婚，艾丽犹豫了一下，还是答应了。在带上戒指的那一瞬间，艾丽看到了橱窗外面诺亚的脸，于是决定婚前再回溪水镇一次。

诚如其他的爱情喜剧一样，当艾丽看到他们的温莎花园的那一刹那，便决定留下来，留在诺亚身边。这对分隔7年的恋人最后还是冲破了层层的阻隔，勇敢地走到了一起。

这部爱情电影最感人之处莫过于两人跨越了七年分离和阶级的重重障碍而在一起的勇气。爱情会给人勇气，给人力量，给恋爱中的人一种全新的生活。

与这部电影相类似的还有《分手信》《PS：I love you》《真爱至上》《诺丁山》等。

另外，日本和韩国的爱情片也很值得一看，如《假如爱有天意》《恋空》《现在只想爱你》《大约在雨季》《触不到的恋人》《我的女友是机器人》等。

《苏州河》是导演娄烨的处女作，也是他的代表作之一。影片中年轻的周迅一人分饰两角——马达的恋人牡丹和"我"的恋人美美。两对恋人的故事交织在一起，制造出一种时空交错，似真似幻的感觉。

故事里的牡丹是个中学生，而马达是牡丹父亲手底下打工的。一段时间里，马达开着摩托车，负责将牡丹送到亲戚家去，时间长了，两人便热烈地相爱了。由于一些不得已的缘故，马达参与了绑架牡丹、向牡丹父亲敲诈的案子。牡丹被救之后，跳进了苏州河。人们没有找到牡丹的尸体，传说她变成了美人鱼。

马达出狱之后，一直到处寻找牡丹，结果在一家酒吧找到了与牡丹一模一样的美美。美美是一个酒吧艺人，穿着美人鱼的服装泡在水族箱里扮美人鱼吸引顾客。马达以为美美就是牡丹，反复地、不断地跟她讲他和牡丹的故事。后来，美美开始希望变成牡丹，她制造种种线索，让马达以为她就是牡丹。

可是，故事的最后，马达还是在一家便利店找到了真正的牡丹。两人一起喝了很多酒，发生了车祸，双双死亡。而美美呢，她本来是"我"的恋人，看到马达和牡丹的爱情之后，她问我："如果我走了，你会像马达一样找我吗？"我说："会。"于是，美美走了，离开了"我"。

这部电影与其说是在讲述爱情，不如说是在为爱情唱一首挽歌。有时候，人们爱的并不是某个人，而是爱情本身，爱那种爱上和被爱的感觉。当然，如马达那样执着于某个人的爱情也是有的，只是分外稀有，分外珍贵而已。

这一类的中国电影，还有很多，诸如：《蓝宇》《长恨歌》《泪王子》《海角七号》《玻璃之城》《甜蜜蜜》等。建议喜欢看经典爱情电影的女生，看一点20世纪80年代的作品，其中有很多经典之作，是现在的电影都无法超越的。

另外，喜欢音乐的女生可以多看一些歌舞片，看看载歌载舞的爱情。这样的电影，小编推荐《歌剧魅影》《红磨坊》《如果爱》《妈妈咪呀》《穿越苍穹》等几部。

社交才华的培养

白居易在他的《长恨歌》里写道："杨家有女初长成，养在深闺人未识。"杨贵妃有幸得到了唐玄宗的爱，与他共同谱写了一段千古爱情佳话，才得以名垂千古，跻身中国古代四大美女之列。可见，女孩儿们不但要拥有姣好的容貌与动人的气质，而且要走到外面的世界去，走到人群中去，让别人认识自己，欣赏自己，才能有充分的空间去绽放自己的美丽。否则，就如《牡丹亭》里的杜丽娘感叹自己的命运："颜色如花，命如一叶。"纵使是个天仙般的人物，养在深闺无人识，也只能在孤寂中静静地苍老下去。

所以，女孩们，大方地走到人群中去，去让人家见识你的美。只有被人看到了、赏识了的美，才是有价值的美。

一、薛宝钗的社交才华

曹雪芹的《红楼梦》塑造了众多令人难忘的女性形象。她们千姿百态，各有特点。当然，最令人难忘的性格特点往往是在人际交往中表现出来的，例如宝钗的宽容大度，黛玉的绝世才情，湘云的憨直可爱，探春的聪明能干，王熙凤的热情精明，袭人的温柔和顺，平儿的端方公正……那些招人喜爱的女孩们，各有各的社交绝招，使她们在贾府的人际关系融洽非常。

人们常用"八面玲珑"这个词形容老于世故的人，也用这个词来形容薛宝钗。但这个词绝不是贬义词。事实上，如果我们自己成为一个八面玲珑的人，可以游刃有余地处理好身边各色各样的人际关系，让自己跟身边的人和谐融洽地相处，实在不是一件坏事。

贾府里所有的女孩中，薛宝钗的人气是最高的，上得贾母、王夫人的喜爱，中间众姊妹对她也很敬重，下有下人们对她服服帖帖，可谓一代社交才女是也。下面小编就来具体分析一下她有哪些值得我们学习的社交才华。

首先，在长辈面前，薛宝钗充分地显示了她的端庄大方、高贵优雅。每当贾府有宴饮聚会时，众姊妹都是动如脱兔，只有她静静地坐在那里，沉默寡言。宝钗这一点很得王夫人喜爱。因为在这种正式的场合下，站有站姿，坐有坐姿，才能显得端庄典雅。而她的沉默寡言在这种情况下更能显示出她的高贵矜持。这样一个永远都大方得体的女孩，怎么能不招人喜爱呢？

其次，她还是个很能为别人着想、乐于助人的人。王夫人的丫鬟金钏死后，王夫人暗自垂泪，恰好被宝钗看见，于是她耐心地安慰王夫人。见王夫人有难处，她大度地将自己的衣服送给金钏发丧，以解王夫人的燃眉之急。自己一点都不介意会沾晦气什么的。还有一次，湘云加入海棠诗社，要做东请大家吃酒，但手里又没有钱。薛宝钗很大方地将宴席的事务揽过来，办了个螃蟹宴，既解了湘云的烦恼，又顾全了她的面子。这样的人，热心助人，雪中送炭，急他人之所急，当然能得到别人的喜爱。另一点，丝毫不介意晦气这种事，也给人以雍容大度的感觉。

第三，她从不在人背后议论是非。喜欢嚼舌根子是一个很不好的习惯，很多宗教中甚至将长舌定义为一种罪过。例如佛教认为有拔舌地狱，专门惩罚生前碎嘴长舌的人。喜欢议论是非、传播谣言是很多女生的毛病，也有人因为这个而招来麻烦。薛宝钗是个很明事理的人，所以从不在人前人后议论什么。王熙凤说她"事不关己不开口，一问摇头三不知"，所以史湘云有什么烦恼就喜欢找宝钗去说。这样不爱议论、不爱讲谣言的女生往往能够为别人保守秘密，从而在女生群中获得很高的人气。

第四，宽容大度，从不记仇。在贾府里最跟宝钗不对路子的是林黛玉。黛玉每每将她当作爱情的假想敌，一找到机会就对她冷嘲热讽，挖苦讽刺。可是宝钗只当她是妹妹，完全不介意这些。刘姥姥二进大观园时，姐妹们在一起行酒令。黛玉说了不合礼法的话，宝钗听见了，不但没有当场戳穿，而且事后专门找到黛玉，提醒她以后说话要多加小心。她总抱着一颗宽容的心，原谅别人对自己的伤害，并且以德报怨。这样的人，总有一天别人会发现她的好的。

第五，低调处事。宝钗可能是大观园里最低调的女孩了，她长得很漂亮，貌比杨贵妃，但是从不刻意打扮装饰自己。平时只穿素净的长衣服，除了作为护身符的金锁之外什么首饰都不戴。唯一一次戴了元春赏赐的红麝串，美丽不可方物，宝玉在一边都看呆了。她和黛玉一样，都很有才华，但从来不刻意卖弄。但是一写诗，写出来的必定是好诗。像宝钗这样有相貌有才华而不显山不露水、从不刻意卖弄的女孩儿，在人格上自然而然地给人一种厚重感，容易获得他人的敬重。

第六，外柔内刚。宝钗宽容大度，为人低调，但绝不是没有原则，任人欺负的人。宝玉挨打之后，宝钗回家指责哥哥勾引琪官陷害宝玉。她很善良，不忍看宝玉白白挨打，定要把真相弄得水落石出。即使那个人是自己的亲哥哥，她一样公正对待，绝不包庇。嫂子夏金桂入门之后，三天两头地闹事，哥哥和母亲都怕她，只有宝钗一人不怕她，每次闹事都是宝钗出面去压制她。可以看出，宝钗绝对不是一个好欺负的女孩。像这样的女孩，有理想，有原则，有骨气，有手段，在人际交往中既能与人和谐相处又能维护自己的权利和尊严，外柔内刚，不卑不亢，往往更能获得他人的尊重。

二、乐观自信的女孩儿最可爱

《红楼梦》里可爱的女孩儿很多，不过其中最出彩的那个当属史湘云。她的可爱与别人不同，她的可爱里透出的是一股乐观自信的人生态度。

在与人交往的过程中，乐观放达的人生态度往往能在人群中传播积极向上的正能量。湘云的身世和黛玉很相似，都是父母双亡。但她与黛玉不同，黛玉总是哭，而湘云总是笑。有什么心事烦恼她就去跟宝钗倾诉倾诉，总是相信未来的生活会更好。在凹晶馆与黛玉连诗时她还劝导黛玉凡事看开些，病就好了。连黛玉都被她这股乐观劲儿给感动了。

她的自信也是从骨子里透出来的。在芦雪庵即景连诗的时候，湘云特地要了一块鹿肉来烤着吃，黛玉嘲笑她没女儿家的样子，她回道："我们这会子割腥啖膻，一会儿写起诗来却是锦心绣口。"这样的自信，几个人能有？事实上，那天的湘云大展才华，黛玉宝琴两个人联合起来都战不过她。

亲爱的女生们，你是这样乐观自信的女孩儿吗？

社交礼仪常识

聪明的女孩不仅知道如何为人处事，而且懂得从容应对各种各样的人和事，在社交生活中表现得大方得体，给人留下良好的印象。下面，小编就介绍一些常见的场合下，女孩应该遵循的社交礼仪。

一、黄金原则——得体

在各种社交场合，女孩儿们一定要注意"得体"两个字。所谓得体，就是一个人的穿着打扮、言谈举止要符合她的身份、年龄体貌特征等。

1.穿着一定要得体。一般来说，只要不是特别正式的场合，女孩们的服饰只要做到整洁就可以了。但是在对服饰有要求的正式场合，如晚宴、舞会等场合，应该按照具体场所的要求穿戴。无论穿什么，一定要干净整齐，不能给人邋遢的印象。

31

2.言谈举止要大方得体。在人多的地方，切不可表现得太过怯懦。在陌生的地方，眼睛不要到处乱看，这样会让别人觉得你待在这里很不自在。走路时步子迈稳一点，不要走得太快，这样会让人认为你有急事。

与人谈话时眼睛要看着对方的眼睛，适时地露出温和的微笑，不要打断别人的话。嘴里有食物的时候不能与人讲话，如果实在要讲话，先把嘴里的食物吃完再讲。说话时可以适当地配合一些手势，但手势不要太夸张。可以适当地开一些玩笑，玩笑内容要健康，开玩笑的对象和时机也应该把握好。不然，一个玩笑开完而没有人笑，会弄得很尴尬的。总而言之，言多必失，女生们在正式场合还是少说些不必要的话为好。万一说错了，会给人留下很差劲的印象。在任何场合都叽叽喳喳聒噪个不停的女生是不受欢迎的。而且，稍显沉默也能让女生显得更加沉稳端庄，这是有教养的表现之一。

吃饭的时候要注意吃相，尤其是人很多的婚礼、聚会上。不能不顾形象地大吃大嚼，嘴里有食物时嘴唇要闭拢，不能让人家看见你嘴里的食物被嚼得乱七八糟的样子。吃饭时不能发出声音。有些女生吃饭时喜欢咂嘴，发出一种"吧唧吧唧"的声音，这是很令人倒胃口的。喝汤的时候也不要发出吮咂的声音，很不得体。吃中餐时，如果侍者端上热水，那是用来洗手而不是用来喝的。如果是吃西餐的话，最好事先学习一下西餐礼仪，如餐巾的摆放、折叠，男孩儿和女孩儿拿刀具的手势，餐具的摆放和进餐速度等问题。常言道，"有备无患"，事先的准备工作永远都不会显得多余。

3.要尊重别人的文化。这一条是针对一些社交场合有少数民族或者外国人的。一般信仰伊斯兰教和天主教的人在餐前都要祷告一番，这时，千万不要去打扰人家。回族人不吃猪肉，所以不要请人家吃猪肉。在印度的文化里，牛是圣物，所以不要在印度人面前吃牛肉。另外，如果身在国外的话，更要注意尊重别人的文化，特别是文化里的一些禁忌，不要抱着好玩的心态去触碰别人的禁忌，这样不仅会惹怒别人，还显得自己特别无知、没教养。

二、特定场合的礼仪

1.婚礼。在婚礼上，要注意个人穿着打扮。女孩尽量打扮得精致、淑女一些，这是表达对婚礼主人的尊重。如果请帖上注明有舞会之类的重大项目，可打扮得更加隆重一些，例如穿一身晚礼服。要注意，不管穿什么，都不要袒胸露背，这样会显得太过轻浮。一般婚礼后还有婚宴，所以女孩们也要注意餐桌礼仪。特别是同桌有陌生人时，一定要注意吃相和谈吐，吃相要优雅得体，不要随便乱开玩笑。

2.葬礼。着装以整洁肃穆为宜，万不可穿得花里胡哨。不宜化浓妆，不能戴显眼的围巾。饰品之类，尽量少戴。一定要戴的话，以白色为宜。在这样的场合，一定要控制情绪，切不可大哭大闹，这样只会给葬礼的主人带来麻烦。言语也要得体，适当地安慰一下死者亲属，不可以说"死"、"惨"这类不祥的字眼。最后，要尊重当地的丧葬仪式。不同的地方葬礼仪式也都不一样，尽量听从主人和长辈的安排，不要乱说话乱凑热闹，以免给别人造成不快。

3.看演出。看演出的服装要求没那么严格。一般古典音乐会、歌舞剧、话剧这样的演出场合，提倡穿着稍微正式些，表现对演出者的尊重。如果是摇滚音乐会、明星演唱会等，穿的可以随意一些。观看演出时，最好提前或者准时到达。如果坐在中间，进进出出时最好跟周围的人道个歉。在一排座位中间进出时，脸朝观众而不是舞台，你的道歉是眼睛要看着对方，这样才真诚。看演出时要尽量保持安静，切不可大声喧哗。手机要关机或调成静音状态，以免影响他人。如果要讨论什么的话，最好先把演出看完再聊天。最后，尽量不要提前退场，这是对演出人员的尊重。

4.看展览。看展览时，服装可以随意，但不可太暴露，这样显得轻浮，而且是对展览的不尊重。观展的时候一定要保持安静，认真听解说员的讲解。因为在看展览时一般人都是边看边思考的，在这个时候说话，不仅不利于自己思考，还会打乱别人的思考。解说员在讲解时，不要随便打断别人的话。如果有问题，可等到解说员空闲的时候再提出。在看到有"请勿动手"或者"请勿拍照"等指示牌时，就不要动手触摸或者拍照，因为这些展品很可能是珍贵文物，触摸或者拍照都会对它造成伤害。最后，不要随便扔垃圾。其实，无论是在哪种场合，扔垃圾都是一个很不好的习惯。在展览上，工作人员会散发一些宣传册之类的东西，这时候，不要抢，发到你手上的时候，道声谢，礼貌地接着。如果觉得这些东西没用，也不要乱扔，要带出展览场地，扔进垃圾桶里。

有特长的女生更美丽

有的女孩儿画得一幅好画，有的女孩儿写得一笔好字，有的女孩儿弹得一手好琴，有的女孩儿做得一手好菜……她们共同的特点是——有特长。

弹琴的女孩儿气质恬静，跳舞的女孩儿优雅，画画的女孩儿浪漫，懂书法的女孩儿知性，擅长体育运动的女孩儿热情大方，能做手工艺的女孩儿细心且有耐心，会做菜的女生最懂得享受生活……

特长是女孩身上佩戴的钻石，只要在有光的地方，就能绽放出绚烂的火花。特长能让一个女孩儿更加美丽，更加有魅力。如花的容颜总有凋谢的一天，但钻石永远不会走形，也不会失去光彩。

一、特长是女生耀眼的标识

娇娇小小的身体被裹在黑色的大羽绒服里，头戴一顶灰色的毛线帽子，一条大围巾将脸遮去了一大半，只露出一双乌黑的小眼睛在四处乱转着。

"请问，你有什么事吗？"坐在办公桌上的男孩抬起头，仰头看着这个小麻雀一般的女生。

女孩儿搓了搓冻得通红的双手，道："请问，今年省里举办的舞蹈大赛，是在这里报名吗？"

男孩儿微微有些诧异，上上下下打量了"小麻雀"一番，完全看不出是个跳舞的。出于礼貌，他微微一笑，问道："请问你报哪种舞蹈？"

"芭蕾。"女孩儿怯生生地答道。

"哦，芭蕾。"跳芭蕾的啊，确实不用长太高。"那你的报名表带过来了没？"

"嗯，已经填好了。""小麻雀"从包里拿出填得整整齐齐的报名表。

男孩儿接过来，看到登记照上的女孩儿一脸的平凡，再看看眼前这位真人版的，实在太平凡了。这样的人，一旦扔进人堆里，就立刻消失不见，再也找不出来，怎么看都不像是学芭蕾的。

男孩儿照着报名表上填的信息，又跟女孩儿核对了一遍，将她的名字输入电脑，就算是报上名了。女孩儿笑得眉眼弯弯，道了声谢就走了。

男孩儿一个人守着冷清的办公室，冷冷地想："这个女孩儿长得太平常了，一点特色都没有。情商嘛，看上去也就那个样子，恐怕连校级比赛都过不了。"想着想着，不禁摇了摇头，叹了口气。

一个月后，舞蹈大赛的校级总决赛，男孩作为学生工作人员进去看了。有一个身穿白裙的女生，身材娇娇小小的，但跳得特别好。身形如天鹅一般清灵优美，动作如行云流水一般卷舒自如，跳跃的时候如同小鹿一般活泼跳脱，还有那神情，那是少女陷入爱河一般的幸福表情。

男孩儿觉得看着有些眼熟，但又想不起是谁。他觉得他一定在哪里见过她，于是皱着眉头使劲儿想，在哪里呢？

一直到评委给出了分数、主持人报出优胜者名字时，男孩儿才想起来，天哪，是那天那个"小麻雀"。"小麻雀"居然跳得这么好，居然赢了……男孩儿心中漾过一阵惊喜。那个看上去平凡无奇的"小麻雀"，在舞台上宛如换了一个人，牢牢地吸引了所有人的目光，让所有人都为她的美而惊叹。

省里的比赛，男孩儿没有机会去看，也不知道"小麻雀"得了奖没有。但是，这次比赛之后，"小麻雀"在学校的知名度一下子高了许多。有一些学芭蕾的女生向她请教舞步，她也成为男生宿舍的话题之一。男孩儿知道，这样一个看上去平凡无奇的女生，因为她的舞姿，瞬间变得耀眼起来了。

或许，自己不该再叫她小麻雀了。她的舞姿那么美，应该叫小白天鹅才对。

二、特长是爱情的橄榄枝

克里斯汀·黛是剧院歌舞队的一个普通的女演员，与其他歌舞队的同伴们一样，每天辛苦排练，跟在女主角身后和声或者伴舞。但她与同伴们不同的是，她每天苦练声乐，希望有一天能单独在舞台上唱一首歌。

年轻的子爵劳尔买下了这家歌剧院。这天，他过来看新剧的彩排。黛一眼就看到了年轻的子爵劳尔，不是那个与自己青梅竹马的男孩是谁？她想走过去跟他打个招呼，可是光鲜亮丽的女主角占尽了风光，一直跟子爵聊个不停。一直到劳尔离开，他都没有看见站在不远处的黛。

另一天，彩排时，女主角的嗓子突然哑了。剧团没有替补的女主角，歌舞教习推荐黛做女主角。她的歌声优美动听，让在场所有的演员都陶醉了。

从彩排的舞台一直唱到正式演出。舞台上的黛唱着那首优美的爱情咏叹调，耀眼夺目，再也容不得人忽视了。年轻的子爵在贵宾包厢里一听就知道是黛，他自分别之后就日思夜想的女孩儿。现在的她，变得越发美丽了。

他怀揣着无限的惊喜走出包厢，终于在后台拥抱了黛。

这是一部很经典的歌剧《歌剧魅影》里的一段故事。还有另一段，讲的是另一个才华横溢的男人魅影与黛的情感故事，也相当动人，有兴趣的女生可以找电影版的《歌剧魅影》看一下。

《歌剧魅影》中的黛是一个非常富有歌唱才华的女孩，并且，她的才华吸引了无数人欣赏的目光，自然也吸引了两位出类拔萃的男主角的注意力，最后成就了这段跨越百年的经典爱情故事。

三、特长是赢得尊重的底牌

电影《浓情巧克力》里的女主角薇安，在一个北风之夜来到一个遍布清教徒的小镇。她不信仰基督教，在四月斋戒月开了一家巧克力商店。她和她的商店受到了大部分清教徒的抵制，一开始生意很不好。

但是她的巧克力做得很棒，并且能根据不同的人调出不同的口味。很快，一些不大拘泥于教条的人开始光顾她的商店。她为一位不怎么受人欢迎的常客举行了生日派对，收留了一个无家可归的女人，招待了一位在镇上遭到排斥的异教徒。她的举动遭到镇长的抵制。

故事的最后，向来刻板的镇长吃到了薇安的巧克力，感动得泪流满面，与薇安冰释前嫌。薇安凭着她美味的巧克力和宽容友爱的人格，赢得了全镇人的尊重与接纳。她和她的巧克力，为小镇的生活添加了不少温暖、快乐和人情味。

亲爱的女生们，你们有属于自己的特长吗？

从皮肤状况看健康

　　人们都说，眼睛是心灵的窗户，殊不知，皮肤也是健康的窗户呢！很多时候，我们皮肤上的一些不健康的状态，恰好是身体内部发出的红色信号。经常注意皮肤上的小问题，并且根据这些推测我们身体内部出了什么问题，可以让我们时时掌握好自己的健康状态，将疾病扼杀在萌芽状态，让我们的健康美丽由内而外地透出来。

一、从皮肤颜色看健康

　　我们的皮肤颜色会随着身体健康状况的变化而产生微妙的变化。一般处于健康愉快状态的人皮肤看上去是自然有光泽的。一旦身体内部出现问题，身体会通过皮肤颜色表现出来，警告主人："我出问题啦！"

　　现在，让我们来看看几种皮肤颜色的变化分别代表什么问题吧！

1.皮肤苍白，没有血色。这种状态下的女生通常有或轻或重的贫血。这个时候，应当注意补血。对女生来说，红糖、红枣、猪肝、菠菜等都是不错的补血品，平时应该多吃些这样的食物。当然，来例假的那些天很多女生也会出现皮肤苍白的现象。例假期间有轻微贫血的女生，应在例假结束之后再多吃一些补血的东西。不适宜在例假期间，尤其是量多的那几天大量补血。

2.肤色蜡黄。这样的女生健康问题可能出现在肝脏上，可能是患有肝炎、肝硬化。也有可能是胆道阻塞造成的。有输血经历的女生，还可能是患有溶血性贫血。这样的女生，应该及早到医院做检查，以确定病情。不宜食用生冷辛辣的东西，更不宜饮酒。因为肝脏主要有解毒功能，身体内部的酒精也是由肝脏来分解的。这种情况下饮酒势必加重肝脏负担。

3.皮肤呈现均匀的黑色。这种情况往往与一些慢性疾病联系在一起，如慢性肾病或者阿狄森病等。慢性病是最忽视不得的疾病。一开始因为症状不明显而常常被人们忽视或者不当一回事，到病情严重之时再去治疗，不仅耗费人力物力，最痛苦的自然莫过于患者本人。严重时会落下后遗症，甚至危及生命。所以，有这种情况的女生，应该尽早去医院确诊，并严格遵从医师指定的吃药、饮食、作息习惯，将慢性疾病扼杀在萌芽状态。同时也将皮肤从黑黝黝的状态中解放出来，让皮肤重新焕发自然生机。

4.皮肤发红，经常红光满面。这可能与传说中的高血压、高血脂有关。这样的疾病多出现在中老年人群中。不过，随着人们的生活条件越来越好而工作压力越来越大，高血压、高血脂的病情明显往年轻化发展。有这种现象的女生最好也先去确诊一下。平时生活中少吃油腻的东西和甜食，多吃水果蔬菜，多运动。

5.皮肤颜色暗淡，没有光泽。这可能是由于心理压力过大或者失眠造成的。有这种现象的女生，应该尽量将心情放松些。多走到人群中去，积极与身边的人交往，多参加课内课外的活动，尤其是户外活动，最能放松心情。另外，多做运动也是缓解心理压力的一个好办法。而且，据小编看到的，身边的大部分女孩都有她们各自不同的心理减压法，如逛街、吃东西、看电影、唱歌等等。所以，小编在这里建议大家，尝试着去探究一下最适合自己的减压方法，终身受益哟！

二、从皮肤问题看健康

皮肤有颜色是一种常态，所以它往往只能显示出一些慢性疾病的征兆。当我们的皮肤出现问题，例如各种病态的斑点、红肿、不正常的痘痘等，都有可能是另外一些疾病的征兆。还是那句话，及早发现，及早解决问题。

1.脸上有睑黄疣，即眼睑上有褐黄色斑块。这种情况往往跟高血脂联系在一起。有这种疾病的女生，少进食高脂肪、高糖分的东西，如油炸食品和冰激凌等等。千万不要禁不住美食的诱惑。毕竟，有健康才有口福不是？要多运动，多喝水，多吃水果蔬菜。按这样的方式生活下去，不仅能将血脂降下来，还有利于减肥，养出苗条好身材哟。

2.胸前有火状的红斑。这种情况跟很多种肿瘤疾病联系在一起，如肺部、消化系统或者生殖系统的肿瘤，也有可能是普通的皮肌炎。这种情况最好先到医院确诊一下。另外，小编要提醒大家一下，不要被韩剧给骗了，将肿瘤和癌症画上等号。肿瘤分为良性肿瘤和恶性肿瘤两种。恶性肿瘤才是癌症。这些都不必惊慌，因为无论是良性还是恶性的肿瘤，在早期都不会扩散。现在的医疗手段很高明，可以通过药物将肿瘤消散或者直接动手术将肿瘤割掉，治疗方法多种多样。所以完全不必怕这些疾病。

3.皮肤上有红斑或者脓肿，较严重的，可能是患有消化系统疾病，如慢性胃溃疡、结肠炎等。消化系统疾病对患者的饮食习惯会造成很大的影响。除了正常的打针吃药外，应尽量避免吃一些有刺激性味道的食品和难以消化的东西，如辣椒、油炸薯片、糯米等等。严禁饮酒。

4.皮肤整体凹凸不平，摸上去有肿块，这是脂肪与水分分布不均匀造成的。一般情况下是一些不太严重的疾病如慢性红斑狼疮、脂肪炎等，过一段时间会自己好的。严重时可能是脂肪癌或者糖尿病的征兆，应及早去医院确诊、治疗。

5.皮肤水肿。这样的皮肤表面看上去很光滑，但是用手按下去之后，便会发现凹下去一块，没有弹起来。这种现象跟疾病有关，要看具体的水肿部位。如果是全身水肿的话，很有可能是肝脏、肾脏、心肺功能异常造成的。局部水肿一般是由静脉曲张或者淋巴不畅造成的。这种情况下，应该多按摩水肿及其周围部位，多运动，保持血液循环畅通就行。

"吃"出来的健康美丽

民以食为天，吃饭当然是每天最重要的事情之一。吃东西不光是为了填饱肚子，而且也能美容、减肥、养生。另一方面，排除这些功利的因素，吃东西也能让人心情愉快，一顿美美的大餐能带给人满足感和幸福感。作为一个地道吃货的小编，自然要义不容辞地跟大家介绍一下各种美食啦！

一、有益身心健康的清肠食物

许多食物具有很强的吸附力，可以起到清洁肠道的作用。做好了消化系统的清洁工作，不仅有利于我们对食物营养的吸收，还能将残留在身体里的毒素排出去。大家都知道，消化系统常常跟我们的脸部皮肤有密切关系。留在肠道里的毒素往往会让脸上出现痘痘、斑点或者肤色暗黄的问题。做好了肠道清洁的工作，就可以还女孩儿们一张干净、白皙、有光泽的脸。

下面，小编就给大家介绍一些具有清洁肠道作用的食物，希望对大家有帮助。

红薯。红薯含有丰富的纤维质，很容易消化，并且能促进肠胃蠕动。红薯有很多种吃法，生吃、煮着吃、烤着吃等等。小编最喜欢的是烤红薯，香香甜甜、软软糯糯。不过有的女生可能不大喜欢买街边的烤红薯，因为它外皮很脏。对于这样的女生，小编推荐吃红薯粥。将粥煮开后，加入切好的红薯块，一起煮至烂熟即可。红薯粥口感香甜，能刺激人的食欲，尤其适合早上喝。

绿豆。前一段时间市场上的绿豆价格曾出现过一路飙升的现象，网友戏称绿豆为"豆你玩"。原因是某位所谓的养生专家在电视上夸大绿豆的养生功效，以至于家家户户都大量地购买绿豆，使市场上的绿豆供不应求。绿豆虽然不像他说的那样包治百病，但却有一定的养生功效。绿豆具有清热解毒、除湿利尿、消暑解渴的功效。常吃绿豆也可以通便排毒。常见的绿豆吃法是煮绿豆汤或者绿豆粥。但小编要提醒大家的是，绿豆在水里煮的时间不宜过长，一般将绿豆煮至开花脱皮即可。喜欢喝甜味绿豆汤的女生们不妨在煮汤的时候加入一些冰糖。冰糖比白砂糖味道要淡一些，清甜而不使人发腻，更适合夏天饮用。

胡萝卜。众所周知，胡萝卜中含有丰富的胡萝卜素，营养丰富，还具有清肠通便、清热解毒的功效。胡萝卜的吃法有很多，金牌定律是：越新鲜越好。一般早上喜欢喝果汁的女生，可以将胡萝卜混合其他的水果蔬菜一起打成汁饮用，好喝又营养丰富。但是作为小编这种中华料理的超级粉丝，更喜欢拿胡萝卜来做菜。

其实胡萝卜中丰富的胡萝卜素在水中溶解量极其有限，但是在油中可以溶解一大部分。也就是说，一般生吃胡萝卜或者把胡萝卜打成汁的吃法并不能使胡萝卜素得到有效吸收。要更好地吸收胡萝卜素，还得用油炒才行。小编最喜欢的一道用胡萝卜做的菜是胡萝卜牛肉汤。汤汁新鲜热辣，胡萝卜软糯香甜，绝妙的搭配。这道菜适合冬天吃，吃得全身暖洋洋的。在一般的家庭里，胡萝卜也经常被炒进各种菜里当配菜，好吃又好看。

不过，再养生再好吃的东西都不能吃过量。以前有一段新闻说英国的一个小孩特别喜欢吃胡萝卜，每餐必吃胡萝卜，结果去医院照X光发现小孩肚子变成橙色的了。虽然没有造成什么疾病或者后遗症，想想肚子里的内脏全都是橙色的，真不知道那小孩是什么感觉……

莲藕。莲藕既有排毒利尿，又有净化血液的作用。吃法也有很多，不拘一格。生吃清甜爽脆，口感绝不比水果差。另外，作为家常菜，滑藕片很受欢迎。将油烧热后倒入切好的藕片翻炒一小会儿，然后起锅装盘。炒的中间可以点一点水，免得藕片炒出来太干燥。做这道菜的关键是：藕要新鲜细嫩，藕片要切得够薄。如果自己刀工不好的话，可以在买藕的时候让菜场摊主帮忙切好，他们的手艺一般都还不错。

最后，小编隆重推出的一道菜是，莲藕排骨汤。藕要买那种煲汤用的老一点的藕。将莲藕洗净切块后放入水中熬煮，一直煮到莲藕变得粉糯，再加入焯过水的排骨，一起熬至排骨骨肉分离为止。最后加入喜欢的调料。这道菜味道口感自不必说，关键是芳香四溢，也特别能刺激人的食欲。而且莲藕与排骨两样本身营养丰富，将两样东西的精华全都熬进汤里，营养价值可想而知。

二、吃出苗条好身材

用"吃"的方式来减肥的确不是神话。只要养成良好的饮食习惯，吃东西的确是可以帮助减肥的。良好的饮食习惯，包括应该吃什么和应该怎么吃。

吃的具体食物上，多吃水果蔬菜，少吃油腻和甜食已经被提过无数次了。但是在现实生活中，很多女生都会经不起美食的诱惑，经常忍不住就吃了油腻的东西或者甜食。所以，在这种情况下，减肥往往不成功。那么，我们怎么去克服这样的问题呢？

首先，进餐时间要有规律，不能想吃就吃，不想吃就不吃，这样对胃也不好。养成了有规律进餐的习惯后，胃往往到点就跟主人发出饥饿信号。在非进餐的时候，胃会老老实实地休息，这样主人就感觉不到饥饿了。这样做的好处是，让女生们在非进餐的时间有效地抵御美食的诱惑。

千万不要饥一顿饱一顿。有的女生中午不吃饭，然后晚上吃很多，将两顿饭的量全都补回来。这样一是增大食量，二是对胃的伤害挺大。

其次，不吃油腻的食物不代表不能吃肉。肉类、蛋类和动物内脏含有许多人体必需的营养物质，这些又不容易从其他食物中获得。所以，只要肉类食物做得不是特别油腻，每天还是应该吃一些。多吃瘦肉，不要吃肥肉。做法以蒸和煮为宜，不宜吃煎烤、红烧的肉类。喝汤时注意将表面的一层浮油去掉。

第三，养成少量多餐的习惯。早餐和午餐、午餐和晚餐中间可以吃一些小食品，但量一定要小。晚上不要吃夜宵，这样，一方面食物的营养全都堆积下来转化成脂肪，另一方面对胃不好。

美女是"睡"出来的——良好作息习惯的养成

　　玫瑰一样的容颜，百合一般的微笑，向日葵一般阳光的精神状态，这些都依赖一样东西——睡眠。人们常说女孩睡的是美容觉，一点都没错。经过白天一整天的忙碌，到了晚上，我们的皮肤、内脏、四肢、大脑全都需要休息。在睡眠中，身体的各个部分不仅仅是在休息，而且还在修复白天受到磨损的部分。所以，睡眠是保持美丽容颜、身体健康和良好精神状态的最基本方法，也是无可替代的方法。

　　另一方面，青春期的女孩处在身体发育的高峰期，而这些生理发育往往是在我们睡眠的时间里进行的。例如我们睡眠时大脑的脑垂体会分泌一种生长激素，促进骨骼生长，由此我们才得以长高。所以，想拥有高挑美丽好身材的女生，千万要留足了睡眠时间。这样我们就能在美梦中不知不觉地长高哦。

一、促进睡眠的几个小妙招

良好的睡眠对女生们来讲是很重要的。只有睡好了、养足了精神，第二天才有精力去打扮自己，去应对繁重的学习任务。下面，小编就介绍几个促进睡眠、提高睡眠质量的小妙招。

1.睡前喝一杯牛奶。牛奶有促进睡眠的作用，这是众所周知的。牛奶具有安神的作用，睡前喝一杯牛奶能让女生们更快入睡，还能提高睡眠质量。另外，身体在睡眠状态也是要消耗水分的，牛奶中的水分也能为我们身体再补一次水。

2.睡前用热水泡脚。人体的脚底有许多穴位，直接关系到身体的各个部位的神经，一部分是关系到我们睡眠的。睡前用热水泡脚可以有效地刺激这些穴位，从而起到安神的作用，让我们躺在床上觉得舒服，不知不觉地就入睡了。另外，有些女生一到冬天就手脚冰凉，用热水泡脚可以刺激血液循环，这样一来，手脚就不会感觉那么冷了。

3.傍晚跑步，做一些户外运动。植物白天进行光合作用，消耗二氧化碳，生产氧气；晚上进行呼吸作用，消耗氧气，呼出二氧化碳。所以，傍晚时分是空气中氧气最充足的时刻，非常适合运动。而早晨是空气中二氧化碳含量最高的时刻，并且，由于城市逆温现象，通常清晨的空气里灰尘和细小颗粒是最多的。所以一般人认为早上空气清新、适合运动的想法是错误的。

跑步等户外运动不仅可以锻炼身体，也可以促进睡眠。我们身上的神经和肌肉经过运动的劳碌之后会变得疲累，需要睡眠休息，从而加深个人的睡眠欲望。另一方面，运动是一种有效的减压方式，可以舒缓我们的精神压力。在这种放松的状态下，人更容易睡着。

4.快速睡眠法。这个方法需要经过一段时间的自我训练才有效。它不仅可以帮助我们快速进入睡眠状态，而且有利于我们在做事时集中注意力。

首先，闭上眼睛，在脑袋里反复想象一个画面。这个画面可以任意挑选，不拘一格。可以是你见过的画面，也可以是你想象的画面。画面一定要固定，不能是动画片那样的东西。

画面固定下来后，在脑袋里反复放大、缩小这个画面，并让画面的收和放配合着你的呼吸。

这个训练进行过一段时间后，大家可以利用这种方法在5分钟之内睡着。不过，这种快速睡眠法也有它的局限性：一是它只适合短时间的睡眠，例如在课间10分钟什么的；二是它不能让人进入很深的睡眠状态，只能在浅层睡眠中徘徊。不过，在繁忙的工作和学业压力下，这种短时间的快速睡眠可以有效地帮助我们养精蓄锐和舒缓压力。

二、睡美人

芳菲右手支着脑袋，看着讲台上唾沫横飞的数学老师：不对啊，老师怎么变成两个了呢？唉，太困了，困得眼睛都花了。都怪刘孟夏，昨天要不是他过什么生日，硬是把她拉出去玩到很晚，今天也不会这么犯困了。

芳菲平时有很好的作息习惯，每天10点钟准时上床睡觉。

早睡早起精神好。而昨天，刘孟夏过生日，一大堆同学给他庆祝，又是吃饭又是唱歌又是压马路，一直玩到晚上11点多。芳菲本来不想跟他们出去的，但是刘孟夏可是她喜欢的男生啊，又那么热情地邀请她，拒绝了就是傻子。芳菲只好抱怨自己生活太有规律，这么一点小折腾都经不起。

下课铃响了，芳菲再也支撑不住，手一倒，立刻侧着脑袋趴在桌子上睡着了。

刘孟夏拿着杯子到教室前面去接水，路过芳菲的桌子，见她正睡着，存心想要逗她一下。于是将脑袋凑过去，见她一张脸白里透红，跟瓷娃娃一样，不禁心神一荡，在那里呆愣了片刻。细细地看那张脸，怎么看怎么觉得好看，白瓷一般的皮肤透着些许红晕；眉毛是黛青色的远山眉；细细长长的睫毛附在眼睑上，活像一把小扇子；嘴唇上不施粉黛，是自然的粉红色，让人有想去咬一口的冲动。唉，那是什么？可惜了，肯定是昨晚没睡好，有黑眼圈了。

刘孟夏想起昨天硬把她拉出去玩的场景，一过10点，那丫头就跟丢了魂儿似的，困得不行，一副东倒西歪的样子。刘孟夏怕她在回去的路上睡着，还亲自把她送回家来着。现在看她这个样子，不禁有些心疼，有些自责。如果昨天没拉她出来的话，今天就不会困成这样了。

他拿起手机，"咔嚓"一下，将面前的睡美人拍了下来。拍照的声音好像惊动了芳菲。她睫毛颤了颤，缓缓地睁开眼睛，："刘孟夏，你在干什么呢？"

"没什么……丫头，你昨晚没睡好吧？"

"嗯，都是你，过什么生日……"芳菲撒娇似的将一切都怪在刘孟夏头上。

"好好，是我的错，我不该在昨天过生日，"刘孟夏存着一份心，道："要不，作为补偿，我每天义务送你回家？看你这么困的样子，万一在路上睡着了怎么办？"

芳菲呆愣了片刻，他这是在追求我吗？一个声音在心底告诉她："是，他在追求你呢，睡美人！"

减肥小常识

清丽小巧的脸蛋，修长的脖颈，纤细的手臂，杨柳小蛮腰，平坦的小腹以及修长笔直的双腿……这几乎是所有女生都想要拥有的完美身材。在这个以瘦为美的时代，很多女生都被减肥的问题困扰着。尤其是夏天一到，换上薄衣短裤之后，从前费尽心思遮盖的肉肉就全部暴露出来了，只有对着镜子叹气的份儿。

逛街看到喜欢的小短裙，再看看自己的大象腿，只能摇摇头叹叹气；看到漂亮的无袖背心，再看看自己粗粗的胳膊，只能摇摇头叹叹气；看到游泳池里欢腾的人群，再看看自己水桶般的腰身，只能摇摇头叹叹气……亲爱的女孩，难道你们就只有摇头叹气的份儿吗？为什么不跟多余的脂肪打一场战役，将肥肉彻底从身上赶走，想穿什么就穿什么？

一、女孩儿，你胖吗？

绝大多数人会以身高体重的比例来判断自己胖不胖，例如身高160cm的女生，体重在45~50公斤内，大家都会觉得她体型还算正常；如果体重在45公斤以下，便属于偏瘦的体型；如果体重在50公斤以上，就算是胖了。这种判断方法有一定的道理，但是有时候并不准确。有时候两个身高体重几乎相当的人，看上去却肥瘦相差程度很大。

其实，判断一个人肥胖与否，主要是看脂肪占体重的百分比。这个百分比数据可以用专业的仪器检测出来。另外，脂肪分为皮下脂肪和内脏脂肪。皮下脂肪就是在身体表皮以下的脂肪层，它的厚薄直接关系到体型外观的胖瘦。内脏脂肪主要分布在内脏器官周围，如肝脏等。内脏脂肪如果过多，加大患上心血管疾病的可能性，直接影响人体健康。

科学的说法，女生身体必须有10%~12%的必要脂肪。如果脂肪比例低于这个标准，就会影响健康，甚至会导致不孕不育。而脂肪比例一旦超过35%，则属于肥胖。

很多女生都认为，女孩子越瘦越好，其实这种想法是错误的。身体脂肪比例过小，从健康上讲会导致闭经、月经不规律，甚至会导致不孕不育。从体型外观上讲，身体骨骼和肌肉的线条会特别突出，也就是人家常说的"皮包骨头"，而且乳房也会缩小，这个样子是不大好看的。必要的皮下脂肪会让女生的身体线条显得更加圆融和谐，身体各部位摸上去会比较柔软，胸部的发育也比较正常，这样的体型才是最理想的。

一般来讲，女生身体脂肪比例在17%~25%之间是最理想的。这样的情况，身体的内脏周围是没有什么脂肪的，所以不用担心内脏脂肪影响健康。从体型上看，全身各部位的脂肪厚薄均匀，而且紧绷、不松弛，既显苗条，又不会过于骨感。

二、肥胖的原因

导致身体肥胖的原因有很多，但是归根结底，根本原因是身体摄入的热量大于消耗的热量，于是多余的热量便被身体转化成脂肪存储起来了。

有人根据这个原理，一味地减少饮食的热量，每天计算着卡路里吃东西，这种做法是不可取的。因为人体的活动需要摄入各种各样的营养，除了基本的水和淀粉、蛋白质之外，人体还要从食物里获取脂肪、糖分以及微量元素等等。而一味在热量上斤斤计较的减肥方法，只让女孩儿们每天吃很少的低热量食物，如水果蔬菜等，导致饮食不均衡，最终是不利于健康的。另外，还有一种人，为了减少食量，常常在正餐时间不吃饭，或者干脆饿自己一段时间，以为这样便可减肥，殊不知这样减肥看上去很有效，实际上是建立在伤害身体健康的基础上的。有些所谓的快速减肥法，便是用这种极端的方法，快速、有效，但是非常容易反弹。

理想的减肥，应该是在不伤害身体的基础上，让身体摄入和消耗的热量达到完美平衡，将多余的脂肪消耗掉，使体型恢复正常。

言归正传，知道自己肥胖的具体原因，才能对症下药，彻底将多余的脂肪从身体里赶出去。下面，小编就介绍几种常见的导致肥胖的原因。

1.遗传与环境。遗传性肥胖主要是由于基因突变造成的。这样的肥胖一般具有家族性，一般从青春期开始就发胖，而且肥胖程度较高。与遗传性肥胖比较相似的是环境肥胖，也常常伴有家族性。例如家里父母亲喜欢吃油腻的食品，于是孩子也常吃这些东西，结果整个家庭的成员都比较胖。再比如某个地区人喜好甜食，结果导致这个地方的人群整体偏胖等。

2.物质代谢与分泌。有的人肝功能比较弱，所以无法将体内的脂肪及时代谢出去，导致脂肪沉积。有的人新陈代谢紊乱，将身体摄入的蛋白质、碳水化合物、脂肪等统一转化成脂肪存储起来，于是造成了"喝凉水都长肉"的现象。也有的人胰岛素分泌过旺，同样导致脂肪沉积。

3.心理压力。女生们注意啦，心理压力或者心理疾病也会导致肥胖。一般来说，心理压力过大很可能造成身体的紧张和代谢功能的紊乱。当身体处于高度紧张的状态下，会将体内碳水化合物之类的东西统统转化成脂肪，以备不时之需。所以，保持心情愉快是很重要的。

4.饮食习惯。当摄入的热量大于消耗的热量时，身体会自动将多余的能量转化成脂肪存储起来。有的人平时喜欢吃油腻的食物或者甜食等高热量食物，而且食量很大，又不爱运动。天长日久，这些多余的能量被转化成脂肪存储下来，就造成了身体的肥胖。

5.药物性肥胖。许多药物里都含有一些激素性成分，这些东西积累下来，也会造成肥胖问题。一般化疗也会导致肥胖。有长期喝中药经验的女生也应该有感触，就是停药之后特别容易发胖。不过，女生们不用太过担心，这种原因导致的肥胖一般是虚胖，看起来胖了，但实际体重没怎么增加。只要调养好身体，很快就能恢复过来。

6肠道问题。这个是属于肠胃功能紊乱的问题。肠道功能特别活跃，不分青红皂白地吸收营养。有这种问题的女生，一般常感觉到吃完饭不久就又饿了，因为肠胃实在是太活跃，东西刚吃进去就被消化了。碰到这样问题的，最好控制自己的食量和饮食规律，饭吃得七分饱就可以了，尽量不要在三餐之外吃东西。

减肥误区大盘点

现在的社会，减肥已经发展成为一个庞大的产业，市场上的减肥产品、减肥方法层出不穷，看得人眼花缭乱。而这其中，有许多的减肥宣传实际上是在误导女孩儿们。很多减肥方法快速有效，但是既伤害健康，又容易反弹。乱七八糟的减肥药、减肥茶会让爱苗条的女生对这些东西产生依赖，一旦停药，身体就像是吹气球一般地鼓胀起来。所以，女生们在减肥时一定要理智，不要轻信商家或者杂志上宣传的减肥法，一定要有自己的判断。

总的来说，判断一种减肥方法好不好，主要是看它是否科学，是否健康，而不是看它是否够快够有效。脂肪不是一两天就长成的，自然也不是一两天就减得下去的。减肥贵在坚持，短则几个月，长则好几年。所以，那些所谓的"三天让你瘦""七天拥有好身材"的减肥宣传，是不值得信赖的。

下面，小编就为大家盘点一下常见的几大减肥误区。

1.饮食没有规律。有些女生以为只要避开一天正规的三餐，就可以减少食量，从而达到减肥的效果。

事实上，这样的减肥对肠胃十分不好，不仅有害健康，而且有可能导致肠胃功能紊乱。在前面小编就说过，肠胃功能紊乱不仅不利于减肥，反而可能导致肥胖。有的女生上一餐不吃或吃得很少，到下一餐时就很饿，又吃下了两餐的东西。这样一来，不仅吃下的食物一点没减少，而且容易把胃袋撑大，导致食量变大，不利于减肥。

正确的方法是饮食要有规律，三餐一定要按时吃。在食量上，可以少吃一点，三餐要有定量。事实上，食量的大小和肠胃的生物钟都是可以调整的。人的胃袋是可以伸缩的，例如某个人平时每餐吃两碗饭便饱了，为了减肥，他可以每餐只吃一碗半。一开始会觉得吃不饱，但坚持一周左右的时间，吃一碗半便会有饱腹感。肠胃的生物钟也是可以调整的，只要养成三餐定时的习惯，三餐之外不吃零食，时间长了，肠胃便只在三餐时发出饥饿信号，三餐以外的时间就没什么进食欲望了。这样规律的饮食习惯不仅有利于减少食量，而且对身体健康也是很好的。

2.只吃水果蔬菜，不吃肉类和主食。这样的减肥方法，会导致身体营养不足。长期下去，脂肪不一定减得下去，但身体肯定会垮掉。

任何时候，健康才是第一位的。将身体的健康状况调理好，好身材、好皮肤就自然跟过来了。按常理说，任何食物都有它的营养价值，而营养平衡均匀才能保持身体的健康。水果、蔬菜富含纤维素、单糖和丰富的维生素，对身体是大有裨益的。但是一些减肥法鼓吹将这些作为日常主食是不对的。

首先，蔬菜中所富含的纤维素的确很有营养，但人类的肠胃并不能消化纤维素。从生物学上讲，只有草食动物，如牛、羊、马，它们的肠胃可以消化植物纤维素，所以我们看到这些动物吃草都长肉。人类的肠胃和肉食动物的肠胃是一样的，不能消化纤维素。所以，蔬菜里的纤维素并不能被人体消化吸收，更不能为人体提供日常活动的能量。不过，纤维素虽然不能转化成营养，但可以帮助人体吸收其他营养物质。

其次，常言道："人是铁，饭是钢，一顿不吃饿得慌。"这是在说明主食的重要性。我们的主食米饭、面粉等，里面含有丰富的碳水化合物，是我们身体能量的主要来源。所以，即使是再着急减肥的女生，也不要不吃主食。从理论上讲，当人体能量不足时，便会消耗脂肪以提供足够的能量。但是，有科学表明，对于我们远古的祖先来讲，饿肚子就等于冬天来了，需要存储大量的脂肪以抵御严寒，这种身体上的惯性一直保留到现在的人类身上。也就是说，在没有剧烈运动的情况下，不吃主食导致的饥饿感，不仅不会促使身体消耗脂肪，而且会让身体拼命地收集能量并将它们转化成脂肪。这不仅不利于减肥，反而促使身体增肥。

最后是肉类。肉类中富含蛋白质和氨基酸，它们都可以加快人体的新陈代谢。很多人认为蛋白质会转化成脂肪。殊不知蛋白质很难消化，人体为了消化蛋白质，需要消耗比摄入的蛋白质更多的水和能量，从而加快了新陈代谢的速度。如果不吃肉、蛋这类东西，会导致新陈代谢速度减缓，从而造成脂肪堆积的现象，同样不利于减肥哟。

3.依赖减肥产品。减肥产品疗效好，见效快，受到很多女生的喜爱。但是，很少有人知道，减肥产品减下去的是水而不是脂肪。所以它见效特别快。

小编有一次去外地旅游，5天的时间，又匆忙又辛苦。第6天回到家里，一称体重，瘦了15斤，可把小编高兴坏了。可是吃完妈妈做的一顿饭之后，再回去称体重，妈呀！一下子胖了10斤。难道小编一顿饭吃了10斤东西不成？一问，才知道是脱水了。那掉下去的15斤体重，其实不是脂肪而是水分。所以，一顿饭再加上回家喝的水，一下子就长回了10斤的体重。

减肥药用的也是相同的原理。人体大约有70%都是水分，有一些是必需的，另外一些是多余的。多余的水分浮在体表，成了我们常说的"水肿"。临时、少量的服用减肥药，可以帮助女生们去掉身体的水肿，所以体重下降得很快，身材也容易"瘦"下来一些。但是长期服用减肥药，会将身体必需的水分也带走。水分少了，身体的新陈代谢速度就会变慢，脂肪反而更容易堆积。

所以，女生们要减肥的话，千万不要依赖减肥药。

4.单纯控制饮食，不运动。在保证身体健康的情况下，控制饮食只能起到不让身体变得更胖的效果。要将脂肪彻底减下来，运动才是王道。人体在运动时会消耗大量的能量，这些能量是日常饮食所提供不来的，只有依靠消耗脂肪来维持。这样一来，运动就起到了消耗脂肪的作用。

所以，下定决心减肥的女生，除了要有控制饮食的自制力之外，还应该有坚持运动的毅力。另外。小编要补充的是，运动之后，人的食欲通常会变得特别好。这种情况下，女生们千万不要任性而为大吃大喝，还是要保持平时的饮食习惯，以免前功尽弃。

5.不要相信局部减肥。人体的某些部位，如腰部、大腿、手臂等，因为毛细血管发达又少运动，所以比较容易堆积脂肪。脂肪的堆积可以是局部的，但是脂肪的消耗绝不是局部的。人体在能量供应不足的情况下才会去分解脂肪以提供能量。脂肪的消耗是全身性的。当你的手臂瘦下来时，腰腹、大腿这些位置也会瘦下来。

而所谓的局部瘦身法，单单依靠一些仪器或者瘦身操什么的，做一些局部的运动，它主要是锻炼那个部位的肌肉，也消耗热量和脂肪，但不是只瘦那一个部位而已。

吃出苗条好身材

关于饮食对减肥的作用，前面已经说过了。控制饮食很重要，但最多也就是保证体重不增加而已。要减掉脂肪，主要还是靠运动。控制饮食是减肥的基础，如果只运动而不控制饮食的话，除了练就一身发达的肌肉，身体不会瘦下来半分。

在这一节里，小编主要向大家介绍减肥期间的饮食习惯和饮食结构的调整问题，希望对大家有用。

一、饮食习惯的调整

规律的饮食习惯是调整好饮食状态的第一步。

首先，在早餐上，依据小编自己的经验，早餐是可有可无的。家里的老人都说，早餐不能不吃，而且要吃好。但是现在年轻人一般都睡得晚起得也晚，所以很多人都有不吃早餐的习惯。那么，我们该如何应付早餐问题呢？

像小编这种每天9点之后起床的人，吃早餐并不是那么重要，只要自己没觉得不舒服，吃不吃都无所谓。即使是吃早餐，也吃得很少，通常是一杯牛奶或者果汁再找两片面包就够了。但是，小编绝不是在这里鼓吹让大家不吃早餐。只是针对像小编这样起得特别晚的懒人。因为起床后不久就是午餐时间，为了避免午餐吃不好，早餐可以随意一点，不吃或者少吃。

但是，对于早上起得比较早的人，小编强烈建议要吃早餐，而且要吃好的。毕竟，我们前一晚在睡眠时消耗的能量都指望着这顿早餐补回来。小编自己有过早起又不吃早餐的经验，9点钟之前还好，9点钟之后肚子便饿得难受，而且也无法集中精神听课。所以，早起的女生们，不管你减不减肥，一定要吃早餐。早餐是为了满足你一上午的能量消耗问题。早餐量可以少一点，但要有足够的热量。早上可以喝一点牛奶、果汁或者粥什么的。一方面是因为早晨一般胃口不好，这些东西能提高一下食欲；另一方面是因为这些东西还可以补充一下身体的水分。经过一夜睡眠，身体会有一些脱水现象，喝一点东西有利于补水。

其次，在午餐问题上，老话常说"午餐要吃饱"。小编认为，午餐不仅要吃饱，而且也应该吃好。一般人早餐吃得很匆忙，营养上面也不大顾得上。所以，补充营养和能量的最关键的一步，还是在午餐上。对于减肥的女生来说，午餐量不要太大，吃个七分饱就可以了。在食物的结构上，原则上是主食为主，其他的东西要荤素搭配，营养均衡。这个在后面会详细讲到。

第三，晚餐。很多人都认为晚餐要吃少，或者尽量不吃。小编认为晚餐应该看个人生活习惯而定。

像小编这样晚睡晚起的人，一般都是半夜11点以后才慢悠悠地爬上床。而一般人晚餐时间一般是晚上6点到8点之间。上学的女生晚餐时间一般在6点左右。也就是说，小编在6点吃完晚餐后，大概还要活动4到5个小时。这四五个小时里身体消耗的能量，全从晚餐里来。所以，对于晚睡的女生，晚餐是很重要的，绝对不能不吃。在晚餐的食量上，可以比午餐要少一点。不要吃肉类这样高蛋白的食物，因为它不仅难消化，而且容易转化成脂肪。晚餐建议吃得清淡一些，以主食为主，只要补充能量即可，不需要太营养。

对于早睡早起的好女生，晚餐就不那么重要了。一般在校女生睡觉时间是在晚上9点到10点，晚餐后也没什么大的活动，所以晚餐可以少吃些。对于减肥的女生来说，小编建议在晚餐前跑跑步打打球什么的，运动一下。傍晚运动对健康好，又能减肥。运动过后，女生们会觉得肚子饿，这时候，吃点晚餐也无妨。建议喝点粥或者清汤，也可以配合少量的主食，但不要吃太多。总的来说，晚餐要吃少。

第四，夜宵。对于减肥的女生来说，夜宵是一大禁忌。建议女生们晚上8点之后就不要吃任何东西，即使是饿了，也要忍着。因为吃夜宵的习惯一旦养成，就很难改掉。一般我们的肠胃在晚上10点以后就进入休息状态，在这个时候吃夜宵，无异于加重肠胃负担，对健康不好。另一方面，晚上一般都没有什么运动，新陈代谢慢，吃进来的热量消耗不掉，会一点不剩地转化成脂肪。所以，不管减不减肥，小编都不建议女生吃夜宵。

第五，就是三餐以外的时间。许多女生都很喜欢吃零食，而且对零食没啥抵抗力，几乎是来者不拒。根据小编多年的减肥经验，零食这种东西，禁肯定是禁不住的。有时候越不让吃，就越想吃，最后还是吃了。所以，减肥的女生不要禁止自己吃零食，而是要控制零食。一般早餐与午餐之间，午餐与晚餐之间，还有晚餐到睡前的空档，女生都会有吃零食的冲动。零食可以吃，但不要吃多，稍稍来一点解解馋就可以了，以免影响正餐进食。零食以自然、健康、低热量为好，尽量少吃薯片等高热量、高蛋白之类的垃圾食品。可以吃些水果、果脯、坚果一类的东西，既香甜，又能补充维生素或者微量元素，而且天然、营养。

二、饮食结构

调整饮食结构的目的主要有三个：一是为身体提供适当的热量；二是均衡营养；三是加速新陈代谢，以刺激热量的消耗。

首先，要多补水。不仅要多喝水，还要多吃含水量高的食品。水是人体新陈代谢的必需之物，身体消化碳水化合物、脂肪和蛋白质都需要消耗大量的水分，所以水是必不可少的。有人说人体一天要消耗8杯水的量，所以每天至少应该喝8杯水。这种说法有道理，但不是适用于所有人的。我们每天吃进去的食物，消化之后也会产生水分，并且水量还不少，这些水分会直接被人体吸收。所以即使你每天并没有喝下8杯水，也不用担心，只要自己待着舒服，也没有喝水的冲动，你的身体就是不缺水的。

其次多吃水果蔬菜。水果蔬菜富含各种维生素和微量元素。这些都能加快身体新陈代谢的速度，又有利于营养的吸收，多吃一些，对人体百利而无一害。有人说，太甜的水果，比如西瓜，糖分高，不宜多吃。事实上，糖分分为单糖和多糖两种。一般水果中富含的是单糖，单糖进入人体之后直接被吸收利用，转化成水和能量，不会转化成脂肪。一般水果中蕴含的果糖、葡萄糖等，都是单糖，所以吃水果时不用担心太甜会长胖。

顺便说一说多糖。我们日常生活中吃的奶糖、水果糖、砂糖、冰糖等各种人工加工出来的糖类和各种甜食，主要成分属于多糖。多糖进入人体之后，会被分解成单糖消耗掉，没有被分解的部分，则会转化成脂肪存储起来。所以，吃水果不会长胖，而糖和甜食吃多了会长胖。

第三，不能不吃主食和肉类、蛋类等。主食和肉、蛋的重要作用在前面已经介绍过了，这里就不用再啰唆。主食上，可以多吃些糙米、小米、绿豆、红豆之类的东西，促进肠道蠕动，新陈代谢有利于排毒。多吃些，没有害处。肉、蛋一类的东西主要是补充蛋白质和微量元素，每天都要吃，但量不宜过多。中午吃一顿有肉的菜便好。

总之，营养平衡才能健康，健康才能苗条。

运动减肥法

　　运动的主要功能就是消耗能量、分解脂肪。在调整好饮食的基础上，做好适当的运动，减肥效果往往事半功倍。在这里小编要多两句嘴。第一句：一口吃不下一个胖子，运动一回两回自然也减不下一个胖子。减肥是一个浩大的工程，要坚持下去才有效果。第二句：运动减肥并不能帮你减掉很多的重量，但可以让你看起来更瘦。人体70%的重量都是水分。比如一个100斤的女孩儿，她身体有70斤的水分，再除掉骨骼、肌肉、内脏和皮肤的重量，脂肪还剩下多少？

　　脂肪这种东西的密度很小，虽然看起来有很多，实际上并不重。所以，不要认为体重下降不明显就是没有减肥。事实上，减肥成不成功，不应该从体重上看，而是从身体的外观上看。手臂变细了、腰变细了，腿也变细了，衣服裤子的号码变小了，这才是减肥成功的标志。

下面，小编就为大家介绍一些实用的运动减肥法。

1.游泳。游泳是运动减肥法中最安全最有效的一种。而且，对女生来说，游泳还有利于塑造优美的身体线条。这一点大家看看奥运会上历届女子游泳冠军和跳水冠军的身材就知道了。

水的热容量大，传热性也比空气好。所以人浸泡在水中时，需要消耗更多的能量来维持体温。据说在水中呆8分钟消耗的热量，相当于在空气中呆两小时消耗的热量。而且游泳时手脚并用，可以让全身的肌肉都运动，四肢得以充分地伸展，有益于塑造好身材哟！

2.跑步。无论是匀速慢跑，还是轻松随意的变速跑，都是很好的有氧运动，不仅能燃烧脂肪，而且有很好的运动健身效果。跑步时，腰背、四肢都在不停运动，可以锻炼手臂和腿部的肌肉线条。

运动时，人体消耗热量的主要来源是脂肪和糖分。在剧烈运动时，人体主要靠分解糖分来维持能量供应；在长时间运动时，主要靠消耗脂肪来维持体能。所以，跑步运动贵在坚持，最好每天锻炼半小时左右，减肥效果会比较好。

3.跳绳。跳绳是很多女生喜欢的运动之一，无论是一个人玩的单人跳绳，还是几个人一起玩的那种大绳子，减肥效果都很好。跳绳算是比较剧烈的运动，玩的时候呼吸加快，也容易出汗。据说跳绳十分钟所消耗的热量相当于跑步半小时或者跳健美操20分钟。

4.爬楼梯。爬楼梯比跑步来得要方便，不知不觉地就锻炼了身体。但是，小编不大推荐这种减肥法，一是爬楼梯比跑步累；二是要连续爬半个小时左右才能燃烧脂肪，减肥效果不是很好；三是爬楼梯特别锻炼小腿肌肉，会导致小腿肌肉过于发达，不好看。

5.做家务。这是小编比较推荐的一种方法。不仅在减肥上有效果，而且我们是将能量消耗在了正经的家务上，而没有白白消耗在不能为别人带来什么好处的运动中。一方面锻炼了身体，一方面把家里收拾得整整齐齐干干净净，何乐而不为呢？

6.跳舞。跳舞包括国标舞、拉丁舞、芭蕾舞和健美操等等。这也是一项有利于塑造女生好身材的运动方式。大家可以看到，一般在舞台上表演的那些舞蹈演员们，不管跳的是什么舞，身材、体态都是很棒的。这就是长期跳舞的效果。

健美操中融合了很多体操和舞蹈的动作，适合没什么舞蹈基础的女生。健美操不仅是一种有氧运动，有很好的减肥效果，而且对于塑造身体线条、个人体态和气质也是大有裨益的。

7.瑜伽。关于瑜伽减肥的传闻很多。但小编建议女生们还是要保持冷静。瑜伽是一种从印度传过来的修行方式，对个人修身养性和精神、气质的培养很有好处。但一般做瑜伽的时候都是摆好动作，然后静止冥想的，对身体热量消耗没什么作用。所以，从理论上讲，瑜伽对减肥是没有明显作用的。

关于月经

月经初潮是女孩儿进入青春期的一大标志。月经是女性子宫内膜在雌激素的影响下，定期脱落，从阴道排除所形成的。每月一次，俗称"例假""大姨妈"或者"老朋友"。女性两次月经的第一天之间间隔的时间为月经周期，一般在28~35天，提前或推迟一个星期都算正常，但如果月经周期短于21天或长于42天则是不正常的，需要到医院去看一下。

一、痛经怎么办

一般少女来月经后或多或少都有些痛经的烦恼。一般属于正常现象，不是特别严重的话，一般不需要治疗。痛经的女孩需要在平时生活和经期多加注意，以减轻经期的痛苦。

1.小腹疼痛时，可以用热毛巾或者热水袋敷在小腹上，可以缓解疼痛感。

2.平时少吃或不吃刺激性食物，如生冷、辛辣的东西。水果也是，尽量弄热了再吃。经期不要吃醋，因为醋具有收缩性，会让经血量减少。该出来的没出来，下个月会很难受。

3.要注意个人卫生。在经期，女孩的身体抵抗力会比较差，所以这段时间内一定要注意个人卫生，以防止细菌或病毒入侵。卫生巾尽量买信得过的大品牌，不要买一些不知名的便宜货。小商家为了节约成本，在卫生巾的消毒上要马虎得多，所以最好不要购买这样的产品。

4.多洗热水澡，要淋浴不要洗盆浴。这也是个人卫生的一个方面。有些家里的老人说经期不能洗澡，这个说法是不科学的。在经期应该更注意保持身体的清洁卫生。要洗热水澡，不能用冷水洗澡、洗头或者洗脚。因为跟醋一样，冷水也具有收缩作用。自己的内衣和毛巾也要勤换勤洗勤晾晒。

5.注意经期保暖，尤其是在冬天。经期女生身体免疫力下降，再不注意保暖的话，很容易发生感冒等疾病。夏天也要注意，不要坐在凉凉的地上，也不要下水游泳。平时少吃生冷或者喝冷饮，经期完全忌吃生冷。

6.在饮食上，注意营养均衡。温补滋润的汤类、动物内脏、蔬菜、蛋类、水果、红枣等都是不错的食品。要全面均衡地补充营养，增强体质。经期后可多吃一些益气补血的食物，不要吃辛辣、生冷的食物。另外，多吃些红薯、绿豆、莲藕之类清肠通便的食物，对缓解痛经也是有好处的。

二、经前紧张怎么办

一般来说，月经前几天女性身体雌激素水平较高，找不到发泄渠道，所以经前特别容易紧张、烦躁、易怒、失眠等。女生在经前出现这些负面情绪，我们称之为经前紧张症。这是一种正常现象，不是疾病，也不会影响正常的工作和学习。只要学会转移注意力，多多放松就不会有什么问题。另外，在经期少吃盐，也可以缓解紧张情绪。

不过，女生们千万要注意，经前心情不好并不意味着可以随便对别人发脾气、不礼貌，毕竟别人也是无辜的。并且，每个人的耐心都是有限的，别人没有义务要无限地包容你。

三、经期不调怎么办

少女初潮之后，身体有一段适应期。一般在初潮一到两年内，月经都会来得不是很规律，这是正常的。但是如果初潮两年之后，月经依然不规律，就属于月经不调，这是一种不正常的现象，需要及时治疗。

按照一般中医理论，月经不调可分为血热型、肝郁化热型、血虚型、血寒型、血瘀型、气虚型和气滞型7种类型。下面小编就一一介绍各类型月经不调的症状和治疗方法。

1.血热型。经血有紫色血块或呈暗红色，质地黏稠。平时容易心烦气闷，脸色发红，口干舌燥，舌苔发黄。这是血热的表现，应该多吃一些清热解毒的东西，如皮蛋粥、绿豆汤之类的东西。治疗月经不调可以服用清经散胶囊、固经丸等具有清热解毒功能的中药类药品。

2.肝郁化热型。表现为经血颜色为深红色或者发紫。平时舌头发红而舌苔橙黄色，口内发苦，咽部干燥。经前胸部和小腹容易发胀，胸闷气短，容易发脾气，腹内胀气，食量减少。在治疗上，以疏肝郁、清热为主，可服用逍遥丸、丹栀逍遥丸、止带丸等。

3.血虚型。表现为经期推迟，而且经血量少、颜色偏淡，质地稀薄。经期容易头晕眼花，失眠多梦、心悸、脸色枯黄。平时口内味淡、舌苔少。这样的女孩儿平时应多吃些补品，尤其以补血为主，红枣是很不错的小零食。在治疗上，自然以补血益气为主，可服用参茸白凤丸、加味益母草膏、当归补血膏、八珍益母丸等。

4.血寒型。表现为经期推迟，经血颜色暗红，血量少。经期容易小腹发冷、疼痛，或者手脚冰凉。平时脸色发白，舌苔薄而且发白。这样的女生，平时应多吃些性热的食物，尤其是在冬天，可吃些羊肉、牛肉等。经期应注意保暖，腹痛时可以用热水袋敷在小腹上，以减轻疼痛。在治疗上，以祛寒温经为主，可以服用温经丸、女金丹、十二温经丸等。

5.血瘀型。表现为经期推迟或者经血量少，经血中有黑色血块。经期内小腹疼痛，血块排出后疼痛减轻。平时舌头呈暗紫色或有紫色斑块。这样的女生是气血不畅，平时应多做运动，保持血液循环流畅。治疗应以活血化瘀为主，可服用益母草膏、益母丸、桂枝茯苓丸、田七痛经散等。

6.气虚型。表现为经期提前，经血量多、颜色较淡、质地稀薄。经期容易疲劳，四肢酸软之力，容易心悸、气短，食量减少，容易拉肚子等等。治疗以补气为主，可以服用归脾丸、补中益气丸等。

7.气滞型。表现为经期推迟，经血量少、有血块。经期小腹、乳房胀痛。治疗以益气活血为主。可以服用妇科养神丸、七制香附丸等。

保持与异性的适当交往

随着身体的发育变化，青春期的男孩儿女孩儿们，开始有了强烈的性别意识，渴望了解异性，渴望得到异性的关注和友谊，这些都是自然的、正常的现象。有些家长和老师们对男女同学之间的交往如临大敌，甚至很多家长和老师都明确地告诉孩子们，不准与异性交往。一有风吹草动他们就神经兮兮，搞得青春期的男孩儿女孩儿们往往对与异性交往抱有很大的心理负担，甚至害怕跟异性交往。

一、与异性交往有错吗

刘老师听完莉莉的讲述，深深地皱起了眉头。原来，莉莉是跟她抱怨她的父母来了。

事件的起因是这样的：莉莉家与男生志宁家隔得很近，平时莉莉跟他也比较要好，所以在上学路上两人碰到都会不咸不淡聊一会儿天儿。有一次骑着单车在放学的路上碰到了，顺路就一起回家，刚好被莉莉的爸爸看见了。不用说，那天晚上莉莉全家召开了家庭会议，探讨莉莉与那个男孩儿交往的问题。

莉莉虽然百般解释，她与志宁只是一般的朋友关系，他们之间只是纯粹的友谊，但父母完全不相信她的话。莉莉的父母一致认为莉莉与志宁之间相互爱慕，生怕这样影响孩子学习。于是一晚上都在苦口婆心地劝莉莉与那个男孩断交。什么你们都还太小，不懂爱情呀；什么早恋是不对的，会影响学习，将来后悔都来不及啊；什么将来考上了好的大学，会有更好的男生啊之类的，说得莉莉烦不胜烦。

更过分的是，从第二天开始，莉莉的爸爸决定每天接送莉莉上下学，以防止莉莉和志宁继续交往。所以，莉莉跑到班主任刘老师这里来诉苦了。

莉莉问："刘老师，难道男生和女生之间真的没有纯洁的友谊吗？难道我和志宁的交往真的是错误的吗？"

刘老师皱着眉头，思索良久，道："莉莉，你没错。青春期的男孩儿女孩儿之间有交往是正常的、健康的。男孩儿与女孩儿的交往，是男女双方加深对自己性别认知的必经之路，对男孩儿女孩儿的人格完善也是有重要作用的。相反，如果断绝青春期男孩儿与女孩儿之间的交往，往往会造成许多不良后果。英19世纪的作家劳伦斯就是这样一位悲剧人物，他从小没有父亲，跟着母亲生活。母亲把他看得比性命还重要，生怕哪个女孩儿把她的宝贝儿子抢走了，于是严格控制劳伦斯的一切人际交往，严厉禁止他与任何女孩儿有来往。结果，母亲死后，劳伦斯生活得一点都不幸福，在母亲的保护下，他的性格变得异常懦弱，以至于无法获得女孩儿们的青睐，终其一生都没有娶妻生子，一个人孤独地老死了。

"男孩儿女孩儿在青春期的交往对他们的性格形成都是大有裨益的。在与异性交往的过程中，男孩儿坚强、勇敢、有毅力的性格会获得女孩儿们的喜欢；而女孩儿温柔、娴雅、恬静的个性更容易获得男孩儿们的认同，同时，也让男孩儿认识到女性的美好和伟大，从而激发双方对真、善、美的追求。"

听完刘老师的这一席话，莉莉有点醍醐灌顶的感觉。原来，男生和女生的交往是这么自然、这么美好的一件事啊！但是还有一点她疑惑不解，"老师，既然男女生交往没有错，为什么我父母还要想方设法地阻止我？"

刘老师笑了，"傻瓜，你父母的担心也是有道理的。现在男女生之间的交往往往把握不好火候，动不动就早恋，影响学习还是小事，早恋的男女生喜欢沉浸在自己的二人世界里，以至于不肯学习也不肯与其他人交往，容易形成自私、狭隘的性格，一失恋就寻死觅活，这对他们以后的人生会造成很不好的影响。"

"那，刘老师，我怎样才能说服我父母，让他们允许我和男生交往呢？"

"这个，是你跟你父母沟通的问题，回家要好好跟你父母说一说，要跟他们讲道理。但千万不要再在他们面前提志宁。

另一方面，你跟男生的交往应该更大方一些，放在父母都能看得见的地方，这样他们也放心。还有就是，不要只跟一个男生交往，让你父母知道你跟很多男生都是朋友。"

"为什么呢？"

"因为一般人心里都是这么认为的，如果你只跟一个男生交往，说明你很钟情于他，那么你们早恋的可能性就很大；如果你跟两个男生交往，早恋的可能性就降低了一半。依此类推，你交往的男生朋友越多，早恋的可能性就越小，父母也就越放心。"

莉莉笑了，"谢谢刘老师，我会跟我父母沟通的。您放心，早恋这种问题绝对不会发生在我身上的。"

二、与异性交往的三大要点

青春期男孩儿女孩儿之间有交往是再正常不过的现象。但是，为了避免像早恋这种疑难杂症，使男女生之间的交往更加纯洁自然，男女生在交往时还是要注意把握分寸的。

1.要落落大方，光明磊落，不要羞怯。在与异性的交往中，女孩应该克服羞怯的心理，流露出最自然的样子。毕竟男女交往是再自然、再正常不过的事情，大家都心怀坦荡，光明磊落，没必要畏畏缩缩。当然，第一次见面女孩儿难免会羞怯、腼腆一点，但如果多次见面都这样，难免会引起男生误解。因为，在男生看来，只有面对自己喜欢的人的时候才会紧张、面露羞怯。为了避免这些不必要的误会，使原本正常的朋友关系走偏了，女生要尽可能地自然大方一点。

2.诚恳真实。这不仅是女生与男生的交往法则，也是女孩儿与其他人的交往法则。没有人会喜欢与一个谎话连篇或者喜欢搬弄是非的人在一起。诚恳真实是建立人与人之间相互信任的基础，而信任又是建立纯洁友谊的基础。所以，诚恳真实在人际交往中是必不可少的。另一方面，女生们对待异性朋友和对待同性朋友并没有什么区别，一样的真诚，这就让男女生之间的交往显得更纯洁了。

3.要保持适当的距离。无论如何，男生和女生之间的交往，或深或浅都带有性的成分。所以，和异性交往时，不能像对待同性那样亲密无间、毫无遮拦。尤其是在涉及两性之间的一些敏感话题时，女生要尽量回避，以免引起别人的遐想。肢体的接触也要把握好分寸。另外，交往的场所尽量定在公共场所，尽量避免两人单独相处。在交往过程中，不要轻浮也不要过分羞怯，两者都会引人误会。

亲爱的女孩儿，你准备好了与异性开始一段纯洁的友谊了吗？

青春期女孩的心态调整

在青春期，随着身心的一步步成长变化，我们对自己、对他人、对社会都会有新的认识。父母对我们也不可能像小时候那样保护了。因此，青春期的女孩儿们有时会陷入各种各样的烦恼当中，发现许多东西并不是想象中的那么美好，于是对世界和人生产生了失望的感情。

其实，这些都是人生成长所必须经历的一个过程。青春期种种负面情绪的磨砺，能让我们变得更加坚强、更加自信、更加乐观，它可以让我们在以后的人生中更加积极地面对生活，让我们能生活得更好。

所以，在这个阶段中，女孩儿们应当更加注重自身心态的调整，以帮助我们度过这个人生的挑战期，让我们拥有幸福快乐的人生。

另外，在这一时期学会的心态调整方法，能让我们终生受益哦。

一、青春期常见的负面心理情绪

青春期的男孩儿女孩儿心理状况极不稳定，容易受外界的影响，特别是负面影响。与父母之间缺少正确的交流沟通，突如其来的打击，不成熟的人际交往，往往给青少年造成各种负面情绪。这些负面情绪如果不能得到很好的处理与控制的话，就有可能形成一些心理疾病，贻害无穷。下面，小编就来介绍几种青春期常见的心理负面情绪，希望女生们能够时时关注自己的心理状态，积极地调整情绪。

1.冷漠与孤僻。这样的孩子对所学的知识不专心，学习起来没有动力；不爱参加集体活动；也不爱与人交往，有意或者无意摆出一副看破红尘的世外高人的样子。他们对周围的人和事态度冷淡，总是一副事不关己的样子，常常给人一种冷酷无情的印象。

这样的女孩儿，一方面应该积极地寻找自己的兴趣所在，一方面应该多多与人交往。其实这两方面是相辅相成的。比如一个女孩儿她喜欢看电影，就自然愿意与同道中人交流看电影的心得体会，哪个演员的演技好，哪个导演的风格讨人喜欢等等。这样一来，就自然而然地敞开心扉，积极地关注起周围的世界了。

有的女孩实在找不到自己喜欢的事物，可以利用心理暗示法，每天早晨告诉自己"我喜欢看电影"或者"我喜欢看亦舒的小说"或者"我喜欢上语文课"等等。时间长了，这种心理暗示便会起作用，自己就真的喜欢上了那个事物。

2.自卑心理。自卑心理是多数青春期男孩儿女孩儿都有过的心理状态，特别是看到比自己优秀的人的时候，自卑心往往会加重。自卑的人在人前表现比较羞怯，生怕在人前出丑，因此害怕参加一些公共活动，不擅长人际交往，害怕失败。

自卑心重的孩子，最需要的莫过于重建信心。周围的朋友应当多多发现她的长处，并且真诚地赞美她。而自己这方面，也应该多给自己一些积极的心理暗示，例如"我的眼睛很大很漂亮""我的字写得很好看""这次考试我又有了进步"等等。久而久之，就会发现自己的众多优点，对自己的外貌和能力都有了信心，这样就不容易再陷入自卑的情绪里了。

3.嫉妒心理。嫉妒是一种很复杂的心理状态，通常是针对周围在某方面比自己优秀的人，伴有焦虑和攻击性。经常处于嫉妒状态的女孩儿，不但不会积极地与人交流，反而对他人有点冷嘲热讽，挖苦讽刺，喜欢与人吵架。嫉妒心理会严重阻碍女生们相互学习，共同进步，甚至会酿成一些严重的心理疾病。

这样的女孩儿，应该积极地调整自身心态，努力压下心中的不满与攻击的冲动，在没有大矛盾的情况下，试着与你嫉妒的那个人积极友好地交往，变嫉妒为友谊。这是克服嫉妒的一个有效办法。

4.焦虑和抑郁。焦虑是一种恐惧和紧张交织的心理状态，往往很不愉快。适度的焦虑对人没有害处，反而可以提高人的注意力，但是过分的焦虑则是一种心理问题。这种问题一般发生在内向、孤独、敏感的人身上。在发生前往往有不愉快的经历，比如考试考砸了、挨了老师批评等。

抑郁的人常常处于低沉、忧郁、冷漠的状态，不愿与人交往，对世界抱着悲观的态度，是一种心理疾病。

焦虑和抑郁的人，应该多多参加集体活动，多向他人倾诉，以缓解心理压力。必要时找心理咨询师聊聊天，能起到很好的治疗效果。

二、学会给自己减压

面对众多的成长苦恼，还有繁重的学习压力，我们在生活中要学会给自己适当地减减压，才能保证自己不被生活压垮。接下来小编就给大家介绍一些常用的减压方法。

1.逛街。逛街是众多女生的爱好之一。每当处于负面情绪时，不妨约上三五个朋友一起出去逛街。逛街不一定意味着要花钱，没钱也可以出去逛。走在红红绿绿光彩夺目的大街上，站在人群里，几个女生一边走一边说说笑笑，进到店里看一些精美的小商品，与同伴们在一起品头论足。这些都可以使人暂时忘掉自己的烦恼，变得轻松愉快起来。

2.运动。室内运动和室外运动都可以，例如跑步、打羽毛球、打乒乓球等都可以。运动时人的全部注意力都集中在身体上，自然没空理会心里那些小烦恼了。而且运动有利于血液循环，运动后一般人都会感到身心舒畅，睡眠质量也会提高，实在是减压的良方之一。

3.看电影。爱情片也好、喜剧也好、悲剧也好、恐怖片也好，不同的人有不同的喜好，只要是自己喜欢的就行。沉浸在电影故事里的人没空想自己的烦恼，还会随着影片里某个人物的情绪走，最后将自己心中的负面情绪都发泄出来或者驱散了。这样一来，看完电影，自己的心情也舒畅起来了。

当然，减压的方式还有很多，有些人喜欢唱歌，有些人喜欢写日记，有些人喜欢在网络上参加各种讨论和骂战，个人均有自己喜欢的减压方式。亲爱的女孩儿，你找到适合自己的减压方法了吗？

做一个阳光女孩

　　明媚的眼神，干净的笑容，优雅大方的举止，积极乐观的生活态度，这些都是阳光女孩儿的标签。当然，阳光女孩儿不是用几个标签就说得清楚的。阳光女孩儿是一种生活姿态，一种追求美、追求快乐、追求梦想、追求爱情并且永远都积极向上、自信勇敢的生活姿态。

一、阳光女孩儿相信爱

　　清水出芙蓉，天然去雕饰。每个女孩儿都是一朵纯白无瑕的莲花，在某个明媚的清晨，带着不胜凉风的娇羞绽放开来，花瓣上尤带着晶莹剔透的露珠。不需要额外添加什么装饰了，这样的女孩儿已经足够动人。现实总是残酷的，流光容易把人抛，白莲花的花期也是短暂的。每个女孩儿都有这么一段白莲花般的时光，但这样的时光也是短暂的。所以，女孩儿们，该好好珍惜这段时光才是，让白莲花在属于她的季节里绽放出最美、最纯洁无瑕的样子。

一天里，最令溪客盼望和惧怕的时刻，分别是早晨和黄昏，因为那个叫杜蘅的男孩。其实溪客家和杜蘅家是邻居。双方家长都说好了，让两个孩子每天一起上学放学。不知从什么时候起，和杜蘅走在一起的时候，溪客开始变得忐忑不安，心里既紧张又期待。在杜蘅面前，她变得特别傻，特别容易脸红。

"你说你爸爸为什么给你取这么个名字啊？白溪客，一点都不像个女孩子。溪客溪客，听着倒像是那个'稀客稀客'。"杜蘅一脸的坏笑，如愿以偿地欣赏着身旁女孩白皙的脸由白变红的全过程。

溪客好半天才收拾好凌乱的情绪。杜蘅看上去并不喜欢自己，他老喜欢嘲笑自己。终于，溪客带着沮丧的心情回答了杜蘅的问题，"'溪客'是莲花的别称。古人云：'出淤泥而不染，濯清涟而不妖'就是说的莲花。我爸给我取这个名字，是有所寄托的……"说着，女孩的头渐渐低了下去，声音也越来越小。

"哈，白莲花？这个倒是挺配你的。"杜蘅忍不住伸手轻轻摸了摸女孩头顶，"丫头，到教室门口啦，再见！"

溪客抬头，看见杜蘅的背影消失在隔壁理科班门口。头顶被杜蘅抚摸的地方微微有些发热，心中酸楚并着甜蜜一块源源不断地流出来。

以溪客对杜蘅的了解，他是断然不会喜欢自己这种白开水般的女孩儿的。杜蘅是那种校草级的帅哥。清爽的短发配上那张干净而略带忧郁的脸，用同桌小雨的话说，即使地摊货也能穿出王子的味道。这样的男生，身边从来不会缺少女朋友。有好几次，溪客在校园里看见杜蘅与一些打扮成熟妖艳的女生们在一起，或是吃饭、或是散步，言语动作甚是亲昵。溪客远远看着，心里说不出是什么滋味。

看着镜子里的自己，清汤挂面的头发，素面朝天的脸，永远没什么大变化的、样式简单的衣裙，溪客摸了摸被杜蘅抚过的头顶，决定改变自己。白莲花要进化成红莲花，才能得到心爱蝴蝶的眷顾。

一连好几天，杜蘅都没有看到溪客。当他在同学的生日聚会上再次见到溪客时，着实吃惊不小。那是白溪客吗，是那个如清水芙蓉般清新、如从阳光里走出小鹿一般灵动的白溪客吗？那怎么可能是溪客呢？那个穿着黑色露背短裙的女孩，脸上化着夸张的彩妆，一双烈焰红唇，笑起来露出一口白森森的牙，看上去怪吓人的。

当溪客被杜蘅从KTV里拎出来的时候，脑袋里一片空白。杜蘅拿出湿纸巾，给她擦去了大红的唇膏，"白溪客，你打扮成这样，是想吓死人吗？"

大颗的眼泪从落下来，溪客红着脸哽咽道："还不是因为……你喜欢？"

杜蘅愣了一小会，牵起女孩的手，"傻瓜，我不喜欢你这个样子，我喜欢的是你平时的样子。有点小白，不虚荣、不物质，不穿花哨又暴露的衣服，不化俗艳的妆，我喜欢的是这样的你。听着，丫头，你平时的样子已经很好看了，别再瞎折腾了，好吗？"

溪客抬起头，愣愣地看着眼前干净清爽的男孩儿，无声地点头。白莲花一样的女孩儿又恢复了她白莲花一样干净简素的模样，清新自然，让人如沐春风、见之忘俗。

二、阳光女孩热爱旅行

安妮宝贝笔下的女子们，热爱白色的棉布裙子，光脚穿球鞋，并且热爱旅行。旅途中的女孩们，往往穿梭在大自然和各种各样的文化中间，来往自如、陶醉其中。旅行不是一种休闲方式，它是一种生活姿态——对世界充满好奇，热爱大自然、热爱文明、热爱生活。

旅行中的女孩儿往往能看到听到想到日常生活中我们看不到听不到想不到的东西。所谓的阳光女孩儿，绝不等于白痴女孩儿，她们乐于求知、乐于走出日常生活的小圈子，到外面的大世界中去。

她们勇敢而充满智慧。亲爱的女孩儿，你愿意做一个阳光女孩儿吗？

好闺蜜培养计划

闺蜜是每个女生必不可少的一群特殊的朋友。女孩们既有闺蜜，同时也是别人的闺蜜之一。闺蜜不用太多，一两个就好。最关键的是要能交心。

那么，闺蜜是用来干什么的呢？如果只是平常的逛逛街、吃吃饭、聊聊天，普通朋友就行。闺蜜之间应该比一般的朋友更亲密一些，甚至比亲人、比恋人还要亲密。有高兴的事，闺蜜之间可以分享；有难过的事，闺蜜之间可以分担。闺蜜之间可以分享彼此的秘密，包括不能对亲人和恋人说的事情。

一、真诚与友爱

真诚是一种美好的品质，即使是对待陌生人，我们也应该真诚，更何况是对自己的闺中密友呢？真挚的友谊永远是建立在双方真实坦诚的基础之上。一个不真诚的人，很难让人产生信任感，更不会有人喜欢将这样的女孩作为自己的闺蜜。所以，女孩们要培养自己的闺蜜，一定要与对方以诚相待。遇到一些难以说出口或者不能说的事情的时候，我们可以选择不说，但不能说谎。

友爱也是闺蜜间必不可少的。要成为真正的好闺蜜，就要拿出自己的爱心，踏踏实实地去关心对方，为对方着想。闺蜜之间的友爱是相互的。你倾听对方的烦恼，对方也倾听你的；你在闺蜜有困难的时候挺身而出，而她也会在你需要她的时候陪在你身边。

范玮琪有一首歌唱道："如果不是你，我不会相信朋友比情人更死心塌地。就算我忙恋爱，把你冷冻结冰，你也不会恨我，只是骂我几句。如果不是你，我不会相信朋友比情人更懂得倾听。我的弦外之音，我的有口无心。我离不开Darling更离不开你……"

女生们，你们有这样好的闺蜜吗？

二、倾听

好闺蜜不用刻意花心思去培养。闺蜜之间是可以分享很多事情的，高兴的、难过的或者无聊的事……好闺蜜之间的私房话是说不完的。一般的女生，在学习、交友、家庭或者恋爱方面出了问题、有了烦恼，就会想要找人来倾诉。而倾诉的对象往往是她觉得可以信赖的闺蜜。所以，作为一个合格的闺蜜，女生们一定要学会倾听。

首先，在交谈场所上，最好选择比较人少又安静的场所，尤其是在看到闺蜜心情不好的时候。选择安静人少的地方，一方面避免有人打扰，一方面可以令闺蜜敞开心扉，将要说的话全都说出来。如果是在比较高兴的时候，比如旅游归来，或者逛街有什么意外收获的时刻，女生们都渴望快点找个人来分享自己的快乐，聊天场所就不那么挑剔了。因为人在高兴的时候心理防备是比较小的，即使是在人多吵闹的大街上，一样可以说得眉飞色舞。

其次，认清自己的位置。作为谈话里倾听的一方，要保持冷静，尽量少说多听，不要随意打断别人的话。

第三，在聊天的时候，尽量让对方放松心情。如果闺蜜情绪比较激动或者哭了，你也可以握着对方的手，或者将肩膀借给对方用一下，以此来安抚对方的情绪。

第四，倾听时要有耐心，不要显示出不耐烦的样子，这样会让闺蜜觉得紧张，即使想说什么，被你一吓，也说不出来了。聊天时尽量面带微笑，让对方觉得轻松自如。

第五，听的过程中不要老是给对方挑错，不要打断别人，也不要明确发表反对意见，比如"这样不好""我就不这样"或者"我不这样认为"等等。应该学会换位思考，站在对方的角度和立场上去看待、思考问题。要尽量地理解他人，而不是以自我为中心。

第六，不要随意为闺蜜出主意。有一位外国哲人开玩笑说："当一个女人向你要问题的答案的时候，她心里其实已经有了答案了。"当闺蜜向你倾诉她生活中的种种问题时，她可能只是单纯地需要找个人倾诉一下。如果你老是给她出各种主意，会让她认为她的一切问题对你来说都不算什么，那么，下次有问题时，便不会再找你倾诉。

第七，交谈时要有眼神或者肢体语言的交流，表示你是在认真倾听。你可以用微笑、关切的眼神、或者点头等动作表示你在听。毕竟交流是双方的，她一个人在那里说，这边的你一点反应都没有，让人家怎么继续说下去嘛？

第八，认真倾听谈话内容。在交谈过程中，最好不要走神。可以时不时复述一下对方刚才的话，让对方觉得你在认真听她说。也可以在谈话中简单地表达一下自己的态度，能赞同自己的闺蜜时尽量赞同一下。与闺蜜意见相反时，最好将自己的意见保留下来，以免伤害对方。在一个话题结束之后，可以顺便提一下"这件事你怎么看"，或者是"然后呢？事情怎么样了？"这样的句子，可以让对方话匣子打得更开。

第九，如果对方谈的是自己不感兴趣的话题，如果不是很重要的话，就不要太委屈自己，可以委婉地转换话题，如"你觉得某某怎么样？"之类的句子，可以将对方的注意力吸引过去，不动声色地将话题转变为自己感兴趣的。

三、闺蜜也有隐私

有人说，人与人之间的交往，是"距离产生美"。所谓"距离产生美"并不是说人与人之间要相隔很远，彼此没少有交往，而是指在交往过程中要留有余地，给彼此留下足够的私人空间。

　　有的女孩与闺蜜之间几乎是无话不谈，从家庭到恋情再到自己内心的隐秘想法，没有不能对闺蜜说出口的。但是，女生们也要知道，即使是这样无话不谈的闺蜜之间，也各自有一方不容任何人侵犯的私人领地。

　　当你觉得对方有心事时，尽可能地多关心一下。如果对方对你倾诉她的烦恼与秘密，你可以在一旁耐心倾听，并且为对方保密。但是如果对方不想说的话，就不要勉强，你也不要生气。每个人心里都是有一两个不能对别人说的秘密。

　　有时候，有的女生会发现，从前很亲密的闺蜜不知不觉地跟自己生疏了。有时还会看到她和别的人在一起说说笑笑，聊得风生水起。这时候，女生们往往会有一种被背叛、被抛弃的感觉，有的甚至怨恨起自己的闺蜜来。碰到这种情况，小编只能说，闺蜜只是朋友的一种，你可以有很多闺蜜，你的闺蜜同样可以有很多闺蜜。闺蜜与闺蜜之间是朋友不是恋人，没有要只对对方一人忠诚的义务。碰到这种情况，女生们千万别怨恨别妒忌，保持平常状态就好。友情这种东西，还是要顺其自然，不能勉强的。

头发颜色的秘密

人类是"好色"的动物，色彩给视觉造成的冲击是巨大的。红色让人感到温暖，黄色让人感到明快，蓝色让人感到忧郁，白色让人感到纯洁。

看一个人的发型，最先映入眼帘的自然就是头发的颜色啦。一头乌黑亮丽的秀发往往让人感到清新自然，酒红色成熟性感，板栗色低调华丽，金黄色光鲜洋气，浅棕色浪漫复古，亚麻色让人想到森林女孩……

一、最爱自然黑

青青翠翠的葡萄架下，初夏温柔的微风里，立着一个有一头乌黑飘逸长发的少女。翠绿的是葡萄叶，纯白的是身上的连衣裙，乌黑的是那头随风飘扬的长发……

清水出芙蓉，天然去雕饰。小编永远相信，天然的永远是最美的。亚洲人天然的发色应当是黑色。如果你的头发不是纯黑，在阳光下会泛出一点黄色或者红色，那么根据人种人类学的研究，你的祖先有可能是外国人哟。

一般我们头发天然的颜色是与我们的眉毛、眼睛的颜色相一致的。也就是说，头发、眉毛、眼睛是原装的配套产品，色彩的搭配自然是和谐一致的。一旦把头发的颜色换了，多多少少就失去了那份天然的和谐感。

忘不了小猪罗志祥主演的那个广告，女主角一头乌黑亮丽、柔软飘逸的长发给人留下深刻的印象。一头如水一般的黑亮长发，让人联想到深夜的大海，海面上波光粼粼，泛着月亮清澈的光辉；让人联想起历经几个世纪的乌木家具，深沉厚重，那么的富有历史感，仿佛穿越了千年的时空，特地来到这里与你我相见；让人联想起《天鹅湖》里那只魅惑所有人的黑天鹅，那种黑珍珠般的光彩，有谁能够抵挡得住呢？

黑发的女孩有着黑发女孩自身独特的美。她们纯粹、清新、自然，不过分地追求华丽，不矫情，不矫揉造作……《小时代》里的南湘就是这样一个有着一头乌黑长发的女孩。这样的女孩无论怎样都显得那么自然，那么浑然天成。

下面，小编就推荐一些养发圣品，供大家参考吧。

首先，当然是何首乌。作为中药的何首乌有省首乌和制首乌的分别，其中有养黑发功能的是制首乌。要用首乌养发，比较方便的办法是在市场上买一些有中药配方的洗发水、护发素一类的护法产品，简单又方便。

不过小编还要向大家推荐一道首乌黑豆，效果相当于食疗，养发效果相当好哦！

原料：核桃、枸杞子、黑豆、何首乌、熟地、山萸肉

方法：1.将枸杞子、何首乌、熟地、山萸肉加水煎煮，待汁变浓后去渣备用。

2.将核桃、黑豆加入首乌汁中煎煮。至核桃仁融化，汁水完全被黑豆吸尽，再捞出来烘干。

养发圣品第二名：黑芝麻。这个就不用多说了，想必很多女生都喜欢吃黑芝麻糊吧。

第三名：黄豆、豆腐一类的豆制品。所以，吃豆腐绝对不是一个坏习惯哟。

第四名：这是针对爱长白头发的女生的。将5斤米醋、2斤红皮花生米、1斤核桃放在一个坛子里，密封浸泡一周后，每天食用大概7颗花生米加小半块核桃，大概一个月左右就可以见效。

二、校园气息染出来

人们常把女孩儿比喻成花朵。花朵有大红的、粉红的、明黄的、浅紫的……女孩儿们也应当有各种各样不同的颜色。花季的少女们最常待的地方应该是校园，今天小编就在这里推荐几种与校园环境完美和谐的发色。

第一款，暖棕色。暖棕色很适合中长卷发的女孩。这种发色看上去既优雅又富有动感，既个性又紧随时尚。至于刘海，中分也好，齐刘海也好，看上去都很漂亮。只不过中分的刘海

更能勾勒出脸部轮廓，而齐刘海显得更有小女生气质。

第二款，板栗色。板栗色的发色适合皮肤白皙的女生。这种发色有一种低调的时尚，适合长发女生。如果搭配蘑菇头的话，会显得相当可爱哟。

第三款，栗色。栗色如果配侧边卷发的话，显得浪漫又不失优雅，稍稍有些小女人气质。如果配合侧分的刘海的话，修饰脸型的效果相当好。

第四款，亚麻色。这是大街上常见的一款发色，一直都相当流行。也是很有森女气息的一款发色。这款发色最大的特点在于，它不挑肤色、不挑脸型，一般人都挺适合的，既显得脸庞白皙红润，又很有潮流味道。亚麻色无论搭配短发还是卷发，看上去都很有味道。

第五款，浅棕色。浅棕色的头发，如果搭配浪漫的中长卷发的话，会显得非常的浪漫洋气。再加上稍带点细碎感的齐刘海，一个时尚浪漫的小女生就诞生啦！

三、个性飞扬——我的发色我做主

青春女孩儿是靓丽的、飞扬的、闪耀的。她们是天上的星斗，是湖面的波光，是灯光下的水晶和钻石——她们都是闪耀的、令人炫目的、使人为之倾倒的。花朵尚自有热情的大红、明快的黄色、神秘优雅的深紫、忧郁深沉的深蓝……人为什么不能有属于自己的、张扬的、极致的颜色呢？

下面是小编精心收集的几款个性发色。

个性发色之一：银白色。还记得Lady Gaga那个银白色的米奇头吗？好吧，Lady Gaga在时尚界虽然只能算个二流货色，但不可否认的是她那款米奇头的确红遍了大江南北。《绯闻少女》里那个叛逆而富有才华的小J也染过这种发色。满头纯白的银发，走在哪里都是大家瞩目的焦点。张扬个性，自然是不在话下。不过小编要补充一点，染银白的头发时，顺便把眉毛也染成浅一些的颜色。否则，白头发配黑眉毛——小编实在看不下去啊！

个性发色之二。渐变色。渐变色分为很多种，从上到下，发色渐渐由深变浅或者由浅变深。这样的发色适合卷发，走在路上也相当打眼。染这款发色时，女孩儿们可以选择自己喜欢的颜色，选最能凸显自己性格特点的颜色，相当有趣哟！

个性发色之三。金黄色。这款发色也相当招摇，配上形象突出的短发，显得相当有型，时尚洋气而又个性突出。

个性发色之四。棕红色。棕红色头发配上白皙的皮肤，更显得白里透红。这款发色适合短发，也适合长及脖颈的小波浪卷发。

个性发色之五。酒红色。酒红色浪漫又优雅、性感而神秘，是一款非常富有女人味的发色。无论是直发、卷发还是配波波头，都很有味道。

发型的挑选

如果说女孩儿的面庞是红彤彤的朝阳的话，那么头发就是红日边的云彩；如果说女孩儿的面庞是娇艳的海棠花的话，那么头发一定是花旁翠绿的蕉叶。发型不仅可以衬托女孩儿的美貌与气质，更能修饰脸型上的一些缺陷，使女孩儿们看上去更完美。同时，头发也是女孩儿容颜的延伸，正如时装是身体的延伸一样，良好的发质与适合的发型往往可以给女孩儿加分不少。

一、自然直发显清新

一般情况下，直发是最显气质清新的发型，几乎人人都适合，也很好打理，对发色也从不挑剔。当然，直发的可塑性也很强，可以搭配各种刘海，也可以扎成单马尾或者双马尾，编成麻花辫也很好看。

1.直发配齐刘海。这款发型清纯劲儿自然不用多说。它几乎适合所有女生，有很好的修饰脸型的效果，任你长脸、方脸、圆脸到了这款发型底下，统统都变成巴掌脸。另外，这个发型看上去甜美可爱又富有小女生气息，简单又容易打理，非常适合校园女生。

2.直发配斜刘海。如果说留齐刘海的是萝莉的话，那么留斜刘海的就是传说中的御姐。斜刘海比直刘海显得要成熟有气质一些。而且斜刘海更好打理，不用每两周跑一次理发店就为了修一修刘海。不过，斜刘海的缺点在于，它修饰脸型的效果不太好，很容易暴露脸型的缺陷。所以，大脸的美女记住了，选这款发型要慎重。

3.中分直发无刘海。很多明星都常用这款发型，例如萧亚轩、章子怡等等。原因是这款发型非常能显出女王的气质。适合个性比较突出、有点强势的女生，成熟妩媚的女王范儿哟！但是，美女们也要记住了，与斜刘海一样，中分直发对脸型也比较挑剔，方脸的女生要慎重。

二、浪漫成熟卷起来

卷发的种类很多，几乎任何长度、任何颜色的头发都能烫成卷发，发型更是千变万化。如果说直发是清新自然派的话，卷发就是浪漫成熟派。卷发的线条更加柔美，也更富有想象力，像蜿蜒而上的葡萄藤，又像活泼动人的浪花。而且，一般的卷发看上去都很蓬松，显得头发很浓密的样子，适合头发比较稀少的女生。

下面，小编就介绍几款比较适合青春期女生的流行卷发发型。

1.齐刘海加中长大波浪卷发，配暖棕色、栗色、亚麻色等发色，看上去都很漂亮。卷发修饰脸型的效果本身就非常好，加上齐刘海，几乎适合任何脸型的女生。同时还能突出明亮的大眼睛，减龄效果立竿见影。搭配时下流行的发色，更显潮流时尚感。

2.斜刘海中长卷发。斜刘海遮住额头，略带些弧度，再加上贴脸鬓发，轻松将方脸打造成精致小脸。卷发从锁骨位置开始，甜美可人。再配以清爽时尚的浅色系发色，尽显名媛风范。

3.妩媚动人的中分发型，修颜效果立竿见影。遮盖脸颊的中分长刘海，显得小脸愈发纤瘦。细碎卷发让头发显得很蓬松，更具女人味。这款发型几乎不怎么挑剔发色，无论是自然纯黑、亚麻色、板栗色，还是成熟妩媚的酒红色，看上去都很美。

4.侧分长卷发。这款发型不必多说，很有名媛气质。《千亿媳妇》里的徐子淇就是这款发型。莫文蔚、舒淇也常用这款发型。

三、短发也有型

相比于长发，短发更能突出美眉们独特的个性特点，对发型和发色的要求更高。总结起来，短发唯一的要求就是——有型。也就是说，短发发型的线条应该更加干净利落，不能拖泥带水，对发色的要求也是一样，要尽量地鲜亮一些，决不能暧昧不明。

下面小编也将介绍几款适合女生们的短发发型。

1.齐刘海波波头。齐刘海修饰脸型，两边内扣的头发也有一定的修颜效果，可以轻松打造可爱的小巴掌脸。还是那句话，发色要鲜亮，深棕色、棕红色等等，增强时尚潮流感。发尾微微卷起，显得头发浓密厚重，平衡一下齐刘海造成的可爱感觉，显得大方得体。

2.中分梨花头。中分刘海，尤其是长长的那种，可以有效地遮住方形脸，修正脸型的比例，让方脸瞬间变成小脸。头发要经过多梯度、多层次的修剪，显出鲜明的层次感。发尾还是微微卷起，这样更有清新自然的感觉。

3.可爱短发造型。不到眉毛的细碎齐刘海，头发也多层次修剪，看上去很有特色。发丝微微卷起，增加浓密浪漫的感觉。配以棕色的染发，更显时尚，从整体看上去，更加显得青春可爱。

四、编发与盘发

头发的可塑性是无限的，女生们的创造力也是无限的。心灵手巧的女生们当然不会满足于理发店为我们弄好的那几款发型。我的发型我做主。下面小编就为大家介绍几款既甜美可爱，又适合自己DIY的编发与盘发吧。

首先，最先上来的当然是生活中最常见的马尾辫啦！大家千万不要小看这款发型，它简单、常见，但是也自有其千变万化的功夫。

一般情况下，单马尾几乎适合任何女生，搭配不同的刘海，显出不同的视觉效果。对脸型肤色有充分自信的女生，不妨尝试一下马尾配裸额，干净清爽，成熟干练，潇洒利落。说不尽的精英女王气质，尽在干净漂亮的长马尾中。

另外，单马尾一般可以扎成漂亮可爱的丸子头。只需将松松的马尾辫按一个方向拧好盘好，再拿一个小发卡固定下来即可。这样的盘发显得干净利落又很有精神。尤其可以显得女生的脖颈很好看。至于头发上嘛，搭配一些漂亮的发饰，显得更加清新可爱。总的来说，这是一款很适合夏天的发型，不仅清凉，别人看着也觉得清爽可人。

如果是热爱复古、尤其是热爱中国古典发型的女生，也可以用一枚漂亮精致的发簪将马尾盘成一个可爱的小丸子。晶亮的发簪横插在头发里，一个古典气质美女就此诞生。

其次，就是活泼可爱的双马尾。小编一直都有一个疑惑，为什么现在在外面很少见到女生扎双马尾？小编问过很多人，包括女生和男生，大家都认为双马尾很好看，觉得扎双马尾的女生很可爱。还记得那个在网上红了一段时间的南笙姑娘，两只小马尾辫，圆脸大眼睛，吹弹可破的肌肤，一双似喜非喜的含情目……不知道迷倒了多少人。

第三，在编发上，最流行的莫过于韩式的蜈蚣辫，简单自然又优雅知性，堪称女生编发的首选。此外还有四股的蜈蚣辫，这样的辫子看上去特别浪漫甜美。

第四，关于盘发，方法有很多种，盘出来的发型也各有其风格。但一般情况下，盘发比编发要更显成熟优雅，对自己的气质有信心的女孩儿不妨一试。

养护头发的诀窍

花要开得鲜艳，树要长得茂盛，宠物要活蹦乱跳，全靠一个字——养。

同样，漂亮的头发也是"养"出来的。要养出一头健康亮泽的长发，不是一时一刻的功夫，而是靠日常生活里良好的小习惯一点一滴的积累。所以"养"不是立竿见影的魔法，而是随风潜入夜，润物细无声的功夫，需要时间的助力才能一点一点地显出效果。所以，女孩们，养头发千万要耐心，一点也着急不得的。

下面，小编将为大家介绍几样家庭小妙招，让女孩们轻松在家养出健康柔顺好头发。

一、头屑阻击战

女孩儿们要拥有漂亮的发型发色，良好的发质是基础。发质不好，染出来的头发没有光泽，烫出来的发型也被搞得毛毛糙糙，一样会给发型减分不少。同样，如果头上常有头屑的话，容易给人造成一种邋遢的印象。这样，再漂亮的发型又有什么用呢？

有头屑的女生不要着急。在日常生活中，有一点头屑属于正常现象。每个人每天都会有一些头屑。头屑是头皮角质细胞老化脱落所产生的糠状细小的脱屑，属正常生理现象。但是，头屑多得异常，随着梳发或搔抓的动作像雪花似的飘落，则为不正常的现象。

要治疗头屑，先要弄清产生头屑的病理。有些头屑是由于细菌感染造成的，有些是由发质造成的，有些是由于不良的饮食习惯造成的，有些是由于缺少维生素造成的。

针对上述原因，有以下一些解决方法：

1.使用一些强效的去屑洗发液，抑制和杀灭头皮上的一些致病细菌。

2.如果你是油性发质的话，应该每天洗头，保证头发和头皮的清洁。

3.梳头是个好习惯，建议使用木质发梳。经常梳头有利于刺激头部血液循环，能有效地减少头屑，刺激头发生长，使发丝蓬松。

4.调整饮食习惯，少吃高糖、高脂肪和油炸食物。不宜饮酒。多吃水果和蔬菜，补充维生素。

另外，针对头屑过多的女生，小编还推荐两个居家护理妙方：

1.食盐。用食盐加入少许硼砂，放入水盆中，再加入适量清水，溶解后用这个水洗头，可以消除头痒，减少头屑。

2.陈醋。将少许陈醋加入温水洗头，每天一次，能去屑止痒，还能减少头发分叉和变白。

二、健康光亮好发质

头发的光亮与否不仅关乎发型发色的整体效果，还与女孩身体的健康有关。无论是飘逸柔美的直发，成熟浪漫的卷发，还是干净利落的各色短发，头发的质地都很重要。一头柔顺光亮的头发，无论染成什么颜色，做成什么造型，都是好看的。这跟俗话说的"一白遮百丑"的道理是一样的。反之，如果头发长得跟稻草一样，毛糙、没有光感又分叉、脆弱易断，不仅会给发型减分不少，也会使整个人看上去苍白病弱、没精打采。还有，这样的头发，每天打理起来也挺烦心的，不是吗？

下面小编将为大家介绍几种头发日常养护的小秘方，想拥有一头健康亮丽头发的女生可以尝试一下。还是小编在前面说的，好习惯贵在坚持。

1.白醋和鸡蛋。洗头时，在洗发液水中加入少量鸡蛋清，再按照正常的步骤洗头，可以让头发变得更加光鲜亮丽。

用这种方法洗完头后，可将剩余的蛋黄和白醋调和好，涂抹在头发上，跟护发素差不多的用法。用毛巾包裹一小时后再洗干净。这种方法对干性发质或发质较硬的女生很管用。醋有软化头发的作用，可以使头发变得更柔软，更有光泽。

小贴士：用完蛋黄和醋做的护发素后，头发上会留下鸡蛋的腥味和醋酸的味道，可再一次使用洗发水洗头，直到将头发上的异味洗干净为止。

2.啤酒。将啤酒涂抹在头发上，不仅可以起到保护头发的效果，还可以促进头发生长，对养长头发的女生很有用处。

使用啤酒时，首先将头发洗净、擦干。然后将整瓶啤酒的八分之一倒出来，涂抹在头发上。用法也跟护发素差不多，不同的是，啤酒要从头发根部涂抹到发尾。然后轻轻地按摩，直至啤酒的精华渗透到发根。一般按15分钟便可将头发洗净。还是跟上面说的一样，去不掉的异味，用洗发水洗，免得头发上有一股酒味儿。啤酒的营养成分不仅可以使头发更加亮泽，还可以有效地防止头发干枯和脱发。

3.茶水。用法很简单，洗发后再用茶水冲洗一遍头发即可。一般的茶味道都很好闻，所以不用刻意将头发上的茶香洗掉。茶水可以有效去除头发上的污垢，使头发乌黑亮丽，柔软又富有光泽。

三、巧治脱发

任何东西都有自己的寿命，头发也是。从毛囊中长出到脱落，一般一根头发的寿命在2~6年之间。一根头发脱落了，下一根就会接着长出来，周而复始。

一般成人头上有85%~95%的头发处于生长期，另有10%~15%处于休止期。生长期的头发一般不容易脱落。而休止期的头发在受到外力作用，如洗头、梳头、拉扯的情况下就会脱落，形成脱发现象。

所以，每天脱落40~100根头发，都属于正常现象。

那么，怎样检测自己每天的脱发量正不正常呢？有一个简单的方法：用手抓取10~15根头发，用力缓缓向外拉，一般会脱落2~3根头发。如果脱落的头发超过6根，就属于不正常现象。

检测完了，对于有脱发烦恼的女生们，小编也特地准备了一些简单易行的小妙招。

1.蜂蜜加鸡蛋。头发稀少的女生，可用一勺蜂蜜，一个生鸡蛋黄，1勺植物油与两勺洗发水、适量葱头汁兑在一起搅匀，涂抹在头皮上。带上浴帽，以热毛巾敷头。大概一两个小时的时间，即可用洗发水洗净。坚持一段时间后，脱发量会有所减少，头发稀疏的情况也能得到改善。

2.柚子核。头发发黄或者出现斑秃的女生，可用开水浸泡柚子核，时间为24小时。涂抹在头皮上，每日2~3次，可以加快头发生长。

3.生姜。如果头发出现斑秃，可用生姜擦拭斑秃部位，以刺激头发生长。

另外，经常洗头控制油脂；坚持头部按摩或梳理头发加强局部的血液循环，防止毛囊萎缩、消失；少吃油腻和刺激性食物；避免长期熬夜；外用有助毛发生长的洗发液及药水，刺激毛囊生发等等的方法也有利于治疗脱发。

发饰的搭配

漂亮的女生是千变万化的，永远都不会满足于理发店为我们打理好的那几款单调的发型。于是聪明又爱美的女生会将自己的头发弄成各种各样的样子，再搭配各种不同的发饰，营造出百变女生的无穷魅力。

头上的发饰，如发箍、发圈、发带、发卡、发簪、帽子等等，不同种类、不同风格的发饰配合不同的发型，往往给人一种千变万化的感觉。发饰的作用和身上的小饰品一样，常常有画龙点睛的效果。一个漂亮的发饰往往可以让整个人显得有生命感，整个人也灵动起来。所以说，学会搭配发饰，对于女生来说，也是扮靓必不可少的技能之一。

一、发饰的分类

轻巧的蝴蝶，娇艳的花朵，可爱的波点，复古的发簪，晶

青少年成长必备丛书

116

亮的水钻……发饰的分类方法有很多。按照不同的分类标准，发饰的搭配效果也不一样。下面小编就介绍几种常见的发饰分类方法，希望大家能对我们常用的发饰的功能本质有更深的了解。

首先，按照发饰材质区分，发饰可分为合金烤漆类、合金水钻类、亚克力类和手工布艺类。

合金烤漆类是在合金上运用了烤漆技术的发饰。材质良好的合金会给人一种高档、厚重的感觉。加上色彩鲜艳的烤漆，都能给人以一种精致、细腻、生动的感觉。这种材质的发饰适合甜美大方的淑女风格的女生，看起来很有大家闺秀的气质。

合金水钻类的发饰是在合金上面镶嵌水钻制成的。水钻本身质地清澈、闪闪发光，给人以优雅、高贵的感觉。加上现在的水钻往往有不同的颜色，在那份高贵气质之外，又增添了一份纯真可爱的感觉。这类发饰不仅适合名媛淑女的装扮，也适合走女王或者御姐路线的女生，不仅能为她们平添三分优雅之气，更能带出女生内心深处的纯真幻想。

亚克力类的发饰，顾名思义，就是用亚克力制作的。与陶瓷相比，亚克力除了有很高的光亮度之外，更加地有韧性，既不容易破损，又容易修复和清洁。而且，比起陶瓷来，它质地更加柔和，即使是在冬天，拿在手上也不会有冰冷的感觉；并且，亚克力这种材质有更加鲜亮的色彩，可以满足不同人的不同需要。总的说来，亚克力材质的发饰适合甜美可爱的邻家女孩类型的女生，给人清新甜美、娇俏可人的感觉。

手工布艺类的发饰，由于造型和布料、花色的不同，在风格上有一些微妙的差异。但是从整体上讲，软布都给人以温厚、可亲近的感觉。这一类的发饰适合走森女、小清新、田园风格路线的女孩儿，给人自然淳朴，清新可爱的感觉。

其次，按照造型分类，发饰可分为树叶形、波浪形、蝴蝶形、蝴蝶结形、蜻蜓形、椭圆形、菱形、一字形、花形、镂空和网状等等。发饰的形状往往得配合其材质和色彩方能显示出风格。不过，不同形状本身也有自己的特点。例如蝴蝶结的形状往往给人甜美可爱的感觉，蝴蝶的造型给人一种生动灵巧的感觉，网状的发饰端庄稳重，镂空的精致优雅……至于一字形、菱形等，因为线条硬朗，给人一种亮丽而稍显锋芒的感觉。还有其他造型的发饰，本身特点并不突出，但具有极大的可塑性，它们的风格特点往往集中在材质和色彩上。

最后，按照用法分类，常见的有发箍、发圈、发带、发卡、发簪、帽子,等等，用法不一而足。主要是起点缀的作用，让自己略显普通的发型能够突出自己的个性，将自己与大街上的众多女孩区分开来。

二、如何挑选发饰

市场上，各种发饰琳琅满目，加上一般发饰本身体积不大，所以往往给人一种特别零碎的感觉。我们常常有这种体验，走到精品店的发饰区，满目都是花花绿绿的小玩意儿，根本就不知道眼睛该往哪里放。有时候我们辛辛苦苦地在店里挑选好的小饰品，拿回家一看，发现上面有瑕疵，或者根本就不适合自己，或者戴着很不舒服。碰到这些问题该怎么办呢？

下面小编就给大家介绍一些发饰挑选的技巧和原则。

首先，在挑选发饰时，一定要看清楚有没有瑕疵，要拆开包装看仔细，看上面有没有刮痕什么的，表面处理是否细致，接合部位是否结实又灵活等等。

其次，发饰挑选好之后，一定要试戴一下。一般的精品店都有镜子，可以对着镜子看一看效果如何，如果发现戴上去或者摘下来有不顺畅的地方，或者戴着很不舒服，那么最好还是换一个试戴。如果戴起来既舒服又漂亮，那么它就是适合你的发饰。

第三，最好将饰品拿到有自然光的地方看一下。因为商店里的灯光很强，有很好的修饰效果，可以让商品表面显得更光鲜亮丽。而且，人走到店里之后，在灯光的映照下，人的皮肤也会显得比平时好。实际上，在灯光下试戴的效果和在自然光里有微妙的差别。将饰品放在有自然光的地方查看，能看得更准。

第四，根据自己的肤色、服装风格和爱好、审美来挑选发饰。

有人认为发饰是戴在头发上的，又不与身体皮肤相邻，所以不考虑皮肤与发饰色彩的关系。其实这是发饰搭配的一个误区。发饰虽然与脸部皮肤遥遥相隔，但同时能起到映衬发色与皮肤的作用。

对于肤色偏白的人来说，在饰品色彩上的选择度比较大。无论是冷色、暖色或者深色、浅色都很适合。在这里小编要提醒肤色偏白而没有光泽的女生，在发饰的挑选上，尽量选择一些光亮度高的材质，可以将皮肤衬得更有光泽。布艺类的不大适合这样的女生。

许多肤色偏黑的女生在挑选饰品的时候，喜欢将力气花在如何能衬得皮肤白一点上。这也是一个误区。与其做这种事倍功半的努力，倒不如考虑如何突出个人特色。在发饰的挑选上，可以选择一些深色或者黑白这样的色彩，发饰材质的光亮度要高一些，这样可以显得皮肤有质地、有光彩。

面部日常护理小诀窍

胡兰成在给张爱玲的情书上写道："你的脸好大，像平原缅邈，山河浩荡……"且不说胡兰成这话写得够不够真心，单是从他赞美女人的手法上，就能猜到张爱玲为什么喜欢他了。女孩儿的脸是一张名片，这张名片拿在手里质地如何，手感如何，上面的字迹如何，决定了一个人对于这个女孩儿的第一印象。

要拥有一张精致优美的名片，第一步当然是养好名片的质地。脸部皮肤的质地良好与否，决定了这张名片的整体品质。

一、基本护理四步曲

基本护理是面部护理的第一步，也是基础，是最简单也是最日常最琐碎的工作。长期坚持好基本护理四部曲的女生，皮肤坏不到哪里去。无论化什么样的妆，如果皮肤的底子好，往往在化妆时取得事半功倍的效果；相反，如果皮肤底子不好，化起妆来就比较麻烦，往往事倍功半。所以说，基础保养是一切的基础。

跟做数学证明题一样，基础保养也有一套自己的程序。一般分为清洁、平衡柔肤、滋润和防护四个步骤。

第一步：清洁。每天，空气里的脏东西、残留的彩妆，还有皮肤本身的分泌物，都会覆盖在皮肤表面。有时甚至会阻塞毛孔，造成细菌感染、粉刺、青春痘等等皮肤问题。

清洁就是要去除皮肤表面的污垢，是皮肤保养的第一步。清洁做得不彻底，往往会让脏东西阻塞毛孔，造成皮肤粗糙、发黄、暗淡无光等。严重时甚至会引发粉刺、面疱、青春痘等等面部问题。如此一来，后面即使使用再好的保养品，也无法发挥它们的作用。实在是贻害无穷。

所以正确地选择和使用清洁用品是非常重要的。建议大家选择清洁用品时，要根据自己的肤质挑选，最好有专业的美容师在一旁指导。

小贴士：使用洁面乳一般最好采用"五点法"。"五点"分别是额头、鼻尖、两边脸颊和下巴。将洁面乳点于"五点"，再用中指和无名指轻轻按摩。记住，按摩脸颊时，尽量从下往上按摩。因为人的皮肤实际上是呈鱼鳞状的，从下往上可以将"鳞片"背后的部分也洗干净。下巴和嘴唇周围用打括号的方式按摩。这样的手势有利于更好清洁面部皮肤。

第二步：平衡柔肤。这个步骤要做的是爽肤，也就是使用化妆水和爽肤水。这个步骤常常被忽略，很多人都认为它不重要。

但是，这小小的一个步骤，却是有很多作用的。第一，它可以起到再次清洁的效果。在清洁过程中，我们有可能清洁得不够彻底，或者还有清洁产品残留在面部。使用爽肤水或者化妆水，可以起到再次清洁的效果。第二，它有收敛肌肤的作用。在清洁过程中，毛孔因为受到刺激而打开，而清洁柔肤产品可以有效地收敛毛孔。第三，它有平衡皮肤酸碱度的作用。洗脸时，洗面奶可能会破坏皮肤表面的酸碱度，可以借此步骤使皮肤酸碱度达到天然平衡的状态。第四，也是最为人熟知的作用——补水。补足水分对皮肤吸收其他产品的营养成分很重要。

经过小编的介绍，是不是觉得平衡柔肤这一步骤很重要了呢？

小贴士：最好用化妆棉蘸着化妆水来进行平衡柔肤。手势与清洁步骤的手势相同。这样可以起到更好的再次清洁效果。

第三步：滋润。滋润主要是为皮肤提供营养成分与水分。这一部分通常可以分为两个小步骤——使用面膜和霜、乳产品。先使用面膜，后使用面霜等滋润产品。

面膜不能每天都使用。一般情况下，一周敷两次面膜就够了，否则可能造成皮肤营养过剩。如果是使用膏状面膜，方法与清洁步骤的方法一样，使用"五点法"，手势也相同。记住，面膜要避开眼睛周围的部位。因为这些部分皮肤相对要娇嫩得多，面膜产品可能会对这里形成刺激。

面膜的具体使用方法可以参看面膜产品的说明书。但除了免洗面膜之外，其他面膜敷的时间不宜过长。因为面膜中的营养成分不光能滋养皮肤，也能滋养细菌。为了避免细菌侵蚀皮肤，敷面膜的时间不宜过长，一般8~15分钟为宜。

至于面霜、平衡乳液、保湿露的使用，也是用"五点法"，手势也相同。女孩们可以根据自己的肤质和季节来挑选这类的滋润产品。

一般来说，油性皮肤适合水分多而油性低的保湿露，中性皮肤适合使用水油相对平衡的平衡乳液，而干性皮肤适合使用油性较重的面霜。

按季节来看，一般冬季适合用面霜，夏季适合用保湿露，而春秋两季适合用平衡乳液。不过，一切都要看使用者的个人情况而定，一般以擦在脸上舒服为宜。

小贴士：敷面膜之前脸上先拍一遍化妆水，更有利于皮肤吸收营养成分。

第四步：防护。顾名思义，防护就是在皮肤表面涂上一层防护膜，避免皮肤受到外界的伤害。形象地说，就是给面部皮肤也穿了一层衣服。

用于皮肤防护的产品有很多，例如防晒霜、隔离霜、粉底液、BB霜等。除了防护效果，这些产品往往还有其他的功能，如防晒、遮瑕等等。可以根据自己的需要选择不同的产品。

二、其他护理

对于化妆的女孩儿来讲，卸妆液的使用十分重要。一般的清洁产品，如洁面乳等，很难清洁掉脸上的残留化妆品，这时，卸妆液就派上用场了。一般人认为，只有化妆后才用卸妆液，其实不一定？没有化妆也可以使用卸妆液的。卸妆液配合着洁面乳等产品的使用，清洁效果更胜一筹。

在没有卸妆水的情况下，橄榄油也可以用来卸妆。

在眼部的护理上，眼霜、眼部精华可以派上大用场。眼部肌肤比一般部位的皮肤要娇嫩许多，也最容易受到伤害。一般的面膜不仅不能给眼部肌肤补充营养，而且会刺激眼部肌肤。眼霜、眼部精华可以有效地为眼部肌肤补充营养，修护白天对眼睛造成的伤害，能紧致肌肤，防止眼袋和黑眼圈的形成。

女孩儿们在晚上可以使用一些晚霜，一边休息一边修护皮肤，效果自然是事半功倍。

另外，美容液应在涂完乳液或面霜之后使用，因为它质地轻，分子小，很容易被皮肤吸收。

小贴士：白天不要使用晚霜，晚上也不要使用日霜。如果弄反了的话，不但收不到正常使用的功效，往往还适得其反，对皮肤造成伤害。

美丽女孩的精致妆容

美丽的容颜三分在于天生，七分在于修饰。精致的女孩不但温柔可人、优雅高贵、千娇百媚，更了解自己的外貌和气质，会选择自己独特的装扮风格，懂得如何装扮自己。

精致的妆容，是女孩儿身上必不可少的装饰品之一。一个适合自己的妆容，更能凸显出女孩儿自身的面容优势，使整个人看起来格外精神。服装也更能显示出自己独特的个性气质。

在不同的季节里，空气的温度、干湿度不同，人的皮肤状况也不同，心情也不一样。春风春鸟，秋月秋蝉，夏云暑雨，冬雪寒冰，季节的变化对人的影响是很大的。所以，女孩儿们在不同的季节应该选择不同风格的妆容。这不仅是为了让妆容与环境相协调，也是为了我们每天的妆容都能给人们一个好的心情。

春天万物复苏，生机盎然，妆容自然以清新明快为主；夏天天气炎热，人容易心浮气躁，以淡妆或裸妆为宜，给人干净清爽的感觉；秋季兼有收获的喜悦和万物凋零的萧条，适合使用一些与自然景物相协调的颜色，如枫叶红、泥土棕等等；冬天寒冷干燥且景色单一，妆容宜以沉静庄重、优雅隽秀为主。

一、春季妆容

春季生机盎然，妆容也应该同春天的景物一样，清新俏丽。经过一个漫长干燥又寒冷的冬季，皮肤容易变得干燥、没有弹性，而且可能已经生出了些许的小细纹。所以春天的妆容应该侧重保护皮肤。

有条件的话，洗脸后在脸上涂一些按摩霜，然后对脸部进行按摩。这样可以促进皮肤的血液循环和新陈代谢，有利于增强皮肤弹性。

按摩后，能蒸面自然是最好的。热热的蒸汽可以让皮肤的毛孔全部打开，有利于皮肤对营养物质的吸收。在一般的家庭环境下，煮绿茶和煮饭时的蒸汽对皮肤都很好，美眉们千万不要浪费哦。

然后是敷面膜。这个在前面已经提到过。小编想说的是，蒸脸过后再敷面膜，效果事半功倍。

选择与脸部皮肤颜色相一致的粉底，最好是乳液状的，涂在脸上时要尽量的均匀，尽量的薄，这样可以保持皮肤的透明感。

腮红的颜色应该选淡色的，突出那种明丽生动的感觉。

至于眼妆部分，基本色调可以用浅棕色。眼睑处可用少许蓝紫色眼影，眼睑中部颜色稍深，往周围晕开，颜色越往周围越浅，只在两边处若隐若现即可；眼尾部的上眼睑再加一点浅茶红色；眼线描黑色，记住要一笔到位，这样眼线就不会有毛糙感；最后适当地刷一点睫毛膏，使眼睛显得更大而明亮，眼妆就完成了。

眉毛部分也很重要。一般顺着自然眉形描画就好，眉毛不宜太细太长。眉粉的颜色应该与头发的颜色相近。

最后，唇膏宜选择韩系的橙红色。不宜刻意地去描画唇线。唇膏只要让嘴唇显得湿润、丰满即可。有条件的女孩，可以在涂上唇膏之后再涂一层唇蜜，让嘴唇有一种果冻般的感觉。

总之，春季的妆容以突出自然清新、青春活力为宜，尽量地突出皮肤自身的优势。不宜化浓妆。

二、夏季妆容

一般人认为，夏季是万物生长繁茂的季节，到处都是绿肥红瘦，所以妆容应该更加丰富多彩、明艳多姿一些。但是，由于夏季天气炎热，人容易产生烦躁感，而浓妆一般具有强烈的颜色对比，容易加深生理上的热感。所以，夏季妆容应避开浓妆。

从另一个方面说，夏季容易出汗。化妆的色彩太浓的话，有可能会弄巧成拙。出门前精心化好的妆容，在外面兜一圈，回来之后就变成了令人哭笑不得的大花脸。

所以，从总体上说，夏季妆容宜淡不宜浓。

夏季化妆有几个需要注意的事项。一是要更加注意皮肤的清洁。因为夏季气温较高，空气湿润，特别适合细菌的生长繁殖。如果皮肤清洁做得不够彻底的话，各种污物堵塞毛孔，容易引起一系列的皮肤问题。化妆前和卸妆时要使用卸妆液和洁面乳清洁皮肤，然后使用化妆水进行二次清洁，并收敛毛孔。

粉底要尽量涂得薄一些。这样不但可以突出皮肤本身的质感，还有利于皮肤呼吸。

尽量不要使用眼影粉和睫毛油，因为这些在出汗后容易脱妆，造成大花脸的效果。口红、腮红的颜色要尽可能的淡，制造出一种淡雅宁静的感觉。

夏季，女孩们通常都会使用防晒霜。小编要提醒大家的是，防晒的同时不要忘记擦粉底。粉底中的粉质本来有遮挡紫外线的作用。尤其是夏天专用的粉底，其中含有大量的二氧化钛，可以起到防晒避光的效果。在脸上涂上薄薄的一层粉底，相当于给皮肤穿上了一层薄薄的衣服，既防晒又能起到保护皮肤的作用。

三、秋季妆容

秋季没有了夏季的炎热，金风送爽，丹桂飘香，空气开始重新变得干燥。这时，我们的皮肤也会有一些变化。为了不让干燥的空气侵蚀肌肤，秋季应该更加注重皮肤的保养。

与此同时，化妆品的选择与化妆技巧也是十分重要的。

第一，眉毛要自然美丽，不宜刻意修饰，以自然立体为上。用眉笔画过之后，再拿眉刷刷一下即可。

第二，脸色要自然红润。在上腮红时，以颧骨最高处为中心，再涂抹均匀。对于脸宽的女生来讲，腮红尽量往两腮处涂抹，看起来有瘦脸的效果。

第三，用棉球刷眼影，效果出奇地好。

第四，刷睫毛时，应从下往上刷。

第五，上粉底时，先将粉底液涂抹于掌心，然后再抹在脸上，可使肌肤看起来透明、自然清新。

第六，口红的颜色应该与皮肤、服装的颜色相协调。

四、冬季妆容

冬季是四季里最萧条的一个季节，因此冬季妆容色调可以深沉一些，可以缓和一下冬季的凋敝之感。这样的色调，可以调节一下由严寒造成的压抑感。

在冬季寒冷干燥的气候条件下，保持皮肤的光亮湿润是很困难的。干燥寒冷的北风很容易让皮肤变得干燥、粗糙、暗淡。因此，一旦发现皮肤有什么异常现象，应该尽快地使用有补水滋润效果的保养品。尤其是基础保养品，一定要选择适合自己肤质的。另一方面，也要加强皮肤营养的补充。

在化妆前，可使用油性较强的面霜。油性成分可以在脸上形成一层保护膜，让皮肤的水分不随外界的冷风而流失。

关于冬季的化妆技巧，主要有以下几点：

第一，粉底要有保湿成分，颜色可以偏白，与深色的衣着形成对比。扑粉要有湿润成分的，但不可太多。

第二，眉毛用褐色或黑色，以保持自然气氛，并与肤色协调。

第三，眼影可使用较华丽明朗的颜色，如绿色、紫色等。

第四，腮红宜用乳状的，沿颧骨向上画。冬天光线暗淡，所以妆容一定要有光泽。

第五，冬季嘴唇容易干裂，所以要经常使用唇膏，以保护嘴唇。口红的颜色可以偏深一些。

亲爱的女孩儿，这些化妆技巧，你们都记住了吗？

化妆品的挑选

商店的化妆品琳琅满目，盒子、袋子、瓶子、罐子，红的、绿的、黄的、蓝的，国产的、日韩产的、欧美产的，适合各种年龄、各种肤质、各种季节和各种人群。每每进到一些大型的化妆品商店里就有一股茫然无措的感觉，不知道自己到底需要什么样的化妆品，也不知道什么样的化妆品适合自己。

下面，小编特地收集了几种挑选化妆品的方法，希望可以帮助大家在种类繁多的化妆品中以最快最直接的方式挑选到自己需要的东西。

一、根据肤质挑选

要挑选适合自己的化妆品，当然首先要确定自己属于什么样的肤质。一般人们将人的皮肤大致分为五类：干性、中性、油性、混合性和敏感性肤质。下面小编就来具体描述一下这5种肤质的特点，美眉们可以根据这些来具体判断自己属于哪种肤质。

第一，干性皮肤。干性皮肤毛孔细小，经常紧绷。皮肤比较脆弱，容易脱皮，尤其是脸颊部位；容易晒伤，但不容易晒黑；对于阳光和寒冷比较敏感；眼部、嘴唇四周、额头容易很早就出现皱纹；皮肤没有光泽；很少起面疱；不容易上妆。

第二，中性皮肤。一般认为中性皮肤是最理想状态的皮肤。肤质细腻、洁净、柔嫩，肤色均匀，容易上妆，不易脱妆。中性皮肤一般没有油光或干疱，会晒黑，紫外线强烈时也会晒伤。

第三，油性皮肤。油性皮肤肤质柔软、易脱妆、易晒黑，但不容易晒伤。一般毛孔比较粗大，有面疱，脸上常常泛着油光，T字区尤其明显。

第四，混合性皮肤。混合性皮肤里又有三个小类别。脸上主要分为T字区和脸颊两个部分。第一类：T字区为油性，脸颊部分为中性。第二类：T字区为中性，脸颊为干性。第三类：T字区为油性，脸颊为干性。其中第三类比较少见。

第五，敏感性皮肤。敏感性皮肤的形成主要是因为皮肤角质层偏薄，对外界环境的抵抗能力弱。遇冷或遇热的时候皮肤会变红，有时会有血丝，有时会长些痘痘或者斑之类的。这种皮肤容易对化妆品过敏，也容易晒伤。敏感性皮肤在春秋季最容易出现问题。中性偏干的皮肤和缺水性油性皮肤最容易转化成敏感性皮肤。

介绍完5种皮肤的特性，相信女生们对自己的皮肤有一定的了解了。现在小编就介绍一下这五种皮肤的人分别适用哪一类的化妆品。

从上面的介绍中可以看出，中性是皮肤最理想的状态。中性皮肤表面水分与油分、酸性与碱性是达到了完美平衡状态的。所以，无论是哪一种皮肤，选择化妆品的目的，就是要将皮肤调整到理想的中性状态。

对于干性皮肤来说，最重要的莫过于补水和锁水。洁肤用品最好选择温和的中性洁面乳。洁肤后，需要为皮肤补充大量的水分，使皮肤达到水油平衡的状态。最好使用质地浓稠一些的爽肤水，补水效果比较好。在选择滋润产品时，应选择质地偏油性的产品。一般霜、膏状的产品油性偏重一些，可以在皮肤表面形成一层保护膜。

在上底妆之前，先往皮肤表面拍入大量的爽肤水或者化妆水，这样比较容易上妆，且妆容更服帖。

选择化妆产品时，也应该选择有补水或者质地偏油性的产品。但切记不要使用甘油，甘油的吸水性强，不仅不能锁水，而且会使皮肤陷入更加饥渴的状态。

中性皮肤最好打理。从清洁到上妆，通通使用中性产品就够了。不过中性皮肤也会出现偏干或者偏油的情况，尤其是在气温和空气干湿度不稳定的春季和秋季。这时，我们需要对皮肤进行一些调整。最重要也是最有效的信条是：补水才是王道。

油性皮肤最需要的莫过于清洁和补水。可以选择清洁能力较强的清洁产品。做好清洁工作之后，接下来要做的就是——

补水补水补水。因为很多人的油性皮肤是由于缺水造成的。只有补充了足够的水分，才有可能让皮肤达到水油平衡的状态。

混合性皮肤比较麻烦。混合性皮肤的女孩们可以根据小编上面的介绍确定自己属于哪种混合性皮肤，再根据T字区的皮肤性质挑选化妆品（因为T字区通常都比较油一点）。还是那关键的两步——清洁和补水。只是在不同部分，清洁和补水的程度和力度稍微区分一下就好。

最难弄的是敏感性皮肤，因为这种皮肤对外界刺激太敏感了。如果没挑选好化妆品，很容易引起皮肤过敏、痘痘等一堆皮肤问题。这种皮肤的女生们，在挑选化妆品时，可以将试用品涂一点在耳朵后面的敏感部位，5~10分钟后，如果耳后皮肤没有发红等过敏反应，就说明可以使用这款化妆品。

对待敏感性皮肤，一是要温和地清洁，二是要大量地补水，三是要选好锁水产品。这三步一样重要，缺一不可。

二、根据季节挑选

不同的季节气候条件不同，皮肤状态也不同，所以，要根据季节的变化选择适合自己的化妆品。

一般来说，春秋两季是气温变化最大最不稳定的时候，这两个季节风沙比较大应该选择温和中性的乳液状护肤品和化妆品。

夏季气温较高，毛孔张开，皮脂腺分泌也相对旺盛。这个季节要重视清洁产品的挑选。另外，在补充皮肤营养上，应该使用油性成分较低的护肤品，防止皮肤因为太油腻而生出痘痘、粉刺等皮肤问题。

冬季则与夏季相反，气候寒冷干燥，毛孔闭合，皮脂腺的分泌也减少。这个季节适合选用一些油性成分较高的产品，以促进皮肤营养吸收。

护肤化妆品误区大盘点

世界上有一种非常可怕的东西，叫做谣言。关于吃盐能防辐射的谣言曾经一度闹得沸沸扬扬，害得市场上一度闹出"盐荒"，碘盐的价格一路飞升。事实证明，那不过是个谎言而已。关于碘盐的谣言造成的危害是显性的，大家都看得到。那么，关于女生护肤化妆的谣言呢？许多女生将这些谣言当作护肤化妆的黄金守则，不仅没能起到好的作用，反而对皮肤造成了伤害。这些危害都是在不知不觉中加诸在我们皮肤上的，是隐性的危害。

谣言止于智者。今天，小编就跟大家盘点一下护肤化妆的谣言。

一、关于护肤的谣言

谣言一：长痘痘是因为皮肤没有清洁好。

很多人都认为长痘痘是因为脸没有洗干净，于是使用各种清洁产品，包括去角质的剥离产品。结果将脸上的皮脂全部洗掉，使皮肤失去了保护层，使得原本就长了痘痘的脸部皮肤变得更加脆弱不堪。

其实，痘痘形成的原因有很多，如常晒太阳、压力大、吃含碘过多的食物、饮酒等原因都可能造成脸上长痘痘、暗疮等。一般情况下，只要按照正确的洗脸步骤清洁脸部皮肤，不使用刺激性太强的产品，脸部清洁就不成问题，更不会导致皮肤长痘。

一般青春期的女孩，脸上多少冒一两颗痘痘出来是很正常的事，不用太过在意，只要调整一下生活习惯，适当地减减压，调节一下睡眠就会好。对于脸上痘痘成灾的女孩来说，建议去看看皮肤科医生，按照医生的要求治疗，这样效果会更好一些。

谣言二：皮肤粗糙、发红、发干，应该多用些粉底遮起来。

这是皮肤发炎的症状。很多人都不理解，认为皮肤状况越是糟糕就越要遮起来。殊不知皮肤在发炎的时候会变得异常敏感，这时候再在上面化厚厚的妆不仅效果不好，还会刺激皮肤，对脸部皮肤来说，无异于火上浇油、雪上加霜，让皮肤发炎的症状越来越严重，甚至造成一些无法挽回的后果。

皮肤发炎的时候应该保持冷静，停止化妆，尽量少刺激皮肤，让皮肤能够自由呼吸。这样的情况下，一般过上几天皮肤状况就可以自动好起来。不要神经兮兮地使用大量的营养品，或者疯狂地使用敏感肤质的产品。如果不得不化妆的话，一层防晒霜加一层粉底液就够了。另外要记得多补水。

谣言三：皮肤一出现敏感现象，就应该使用敏感肤质的产品。

使皮肤变得敏感的原因有很多，许多人不问青红皂白，皮肤一敏感就将所有的护肤品全换成敏感肤质适用的。却不知道，皮肤一旦变得敏感，就会很娇气。更换新的护肤品有可能会对皮肤形成新的刺激，这样反而加重了皮肤的敏感现象。

在这种情况下，千万不要盲目地更换护肤品。如果一定要更换的话，先从最后的滋润步骤做起，先换掉晚霜、滋润霜或者乳液等。如果从前使用的护肤品里有刺激性成分，如果酸、酒精等，这一类的产品也应该换掉。

谣言四：常吃辛辣油腻食物对皮肤不好。

关于这个谣言，众人见仁见智。许多人都认为辛辣、油腻的东西会刺激皮肤，引起皮肤暗疮等各种问题。就小编看来，这种看法颇有些片面。我们知道，我国四川、湖南两省的川菜、湘菜全国闻名，皆是以厚重的辣味出名。四川人和湖南人日常饮食根本离不开辣椒。但是这两个省偏偏又是全国最出美女的省份。沈从文的《边城》里描写的翠翠，便是一个典型的西湘女孩，长得非常漂亮。如果按照吃辣会刺激皮肤的说法，这两个省份里怎么会美女如云呢？

所以，小编认为，一方水土养一方人。在饮食习惯上，还是按照女生们自己本地的习惯生活即可，不必太过刻意地调整饮食习惯。不过，油腻的食物，小编还是建议大家少吃。这不关系到皮肤，而是油腻的食物脂肪含量过高，不利于大家身体健康而已。至于辛辣食品，如果不上火的话，想吃就吃吧。

二、几个化妆小误区

时尚杂志上的女明星，她们的妆容足以让每一个女生艳羡不已，一层厚厚的粉底遮掉了脸上所有的瑕疵，没有毛孔、没有细纹，整张脸看上去像不真实的瓷娃娃。但是，在现实生活中，我们能有效果如此之好的妆容吗？答案是NO。因为女明星的妆容在现实生活中也不会有这么好的效果，照片的效果更应该感谢灯光和摄影师的修片技巧。

误区一：妆容没有重点。

一个好的妆容应该在底妆的基础上，突出一个重点便够了。有的女孩不知道这一点，将脸上的每一个部分都浓墨重彩地装饰一番，结果好好的一张脸硬是被弄成了调色盘、给人一种极不自然的感觉。

其实，一个妆容只需要一个重点，让人们将视线集中到最美的地方，从而可以忽视其他不太突出的地方。比如在日常生活里，可以重点化一下眼妆，突出眼睛的神采；而在参加晚上聚会时，可以画一个烈焰红唇，让人家的眼光都集中到性感的唇部。

误区二：用厚厚的粉底遮瑕。

这样的妆容也会造成极度的不自然感，感觉像戴了一层面具一般。生活中我们化妆的目的除了让自己显得更漂亮更有精神之外，还要给人一种亲近感才行。所以，日常妆容总以自然清新为好。

如果肤色暗黄的话，可以将T字区的粉底擦厚一点，但脸颊部分一定要薄。稍微显出一点本来的肤色或者是一点点雀斑、细纹之类的都没有关系。有时候脸上稍微有点瑕疵看起来更自然。如果有类似红肿、痘痘这样的问题，可以用效果好的遮瑕产品遮一下。记住遮瑕产品要选水分含量高，与皮肤贴合度高而且能够调匀肤色的。

误区三：高原红式的腮红。

腮红是调节气色的圣品，尤其是对气色不好、皮肤苍白或者暗黄的女生来说。腮红打得好，可以使整张脸看上去红润、有生气；若打得不好，则未免乡土气太重。

对于脸型偏圆或者偏宽的女生来讲，腮红不宜打在颧骨上，而是要从颧骨外侧向嘴边斜着打，这样有缩小脸型，使整张脸变得有立体感的效果。相反，对于长脸女生来讲，腮红应该打在颧骨上，以缩短脸型，柔化面部线条。

如何抗痘

每个女孩儿都希望自己有一张瓷娃娃一样光洁无瑕的脸。可是许多青春期的女孩儿都有脸上长痘痘的烦恼，非常羡慕身边那些脸上光滑如镜、一点坑坑洼洼都没有的女孩。

其实，一般青春期长痘的女孩儿皮肤不容易产生其他问题，比如细纹、色斑等，所以，只要打好与痘痘之间的战争就行。

一、长痘期间的避忌

造成痘痘的诱因有很多。日常生活中一些很小的细节往往会成为长痘的诱因或者刺激痘痘长得更加旺盛，所以，在长痘期间，应该格外注意生活中这些细小的部分，以免加重脸上的症状或者留下抹不掉的痘印。

避忌一：晒太阳。晒太阳会加速皮脂的分泌，导致皮脂阻塞毛孔，加重皮肤的炎症。

避忌二：吃含碘量高的食物，如海带、紫菜等。碘会加重皮肤的炎症，加速痘痘的爆发。一般的食盐中也含有碘的成分，所以，也要少吃盐。

避忌三：游泳。泳池里的消毒剂和细菌都是刺激皮肤的凶手，也是痘痘的诱因之一。

避忌四：喝酒。酒精刺激皮肤就不说了，喝酒之后血液循环速度会加快，当然也会加快痘痘的生长。酒不是直接引发痘的凶手，但在长痘期间饮酒会让酒成为痘痘的帮凶。

避忌五：吃油腻辛辣的食物。油腻的食物会刺激皮肤皮脂腺的活动，造成皮脂堵塞毛孔的后果，这无疑会加重面部炎症。另外，辛辣和饮酒是一个道理，没长痘的时候可以百无禁忌，但是长痘期间最好避免吃辛辣食品，免得辣椒也当了痘痘的帮凶。

避忌六：按摩和桑拿。按摩和桑拿会加快血液循环的速度，使皮脂腺活动加快，从而使面部情况恶化。

避忌七：化浓妆。长痘期间脸部毛孔张开，一方面化妆品容易堵塞毛孔，二来脸上厚厚的一层，使得皮肤没有办法呼吸。所以，长痘期间化浓妆对皮肤百害而无一利。

避忌八：拿头发或者胶布遮挡。头发上有多少细菌脏东西就不说了，都是加重脸部感染的凶手之一。拿胶布遮挡痘痘，会使皮肤没办法呼吸，加剧痘痘的恶化。如果痘痘已经化脓的话，撕掉胶布还会牵动伤口，对伤口一点好处都没有。

避忌九：经常洗脸。洗脸的时候会将脸上的皮脂洗掉，之后皮脂腺便会分泌新的皮脂来保护皮肤。经常洗脸就是从反面在刺激皮脂腺活动，天长日久，你的皮脂腺会越来越活跃，越来越不受控制。但是，反对经常洗脸并不是说要少洗脸，一天两次的正常洗脸还是必须的，只是不宜洗得过于频繁而已。

避忌十：使用磨砂膏和收敛水。磨砂膏会刺激皮肤，刺激效果跟反复洗脸效果相当，刺激皮脂腺活动，使皮肤表面恶化得更快。而且，磨砂膏除了磨掉皮肤表层的死皮之外，也会磨掉皮脂层，使皮肤变得敏感脆弱。至于收敛水，会使原本就被堵塞的毛孔变得更小，以至于堵塞物排不出来，会加重脸上的症状。

避忌十一：挤、挑脸上的痘痘。青春痘有自己的生长周期，一般三四天就会自己消失或者化脓。如果用手挤、挑痘痘的话，破坏了它的生命周期，后面的事情就不受控制了。而且手上的细菌可能会造成二次感染，形成创口，最后留下疤痕。或者手上挤压的力度不好，留下皮下淤血，形成瘢痕。

二、抗痘好习惯

好习惯之一：养成良好的作息习惯，早睡早起，睡眠有质量。美容觉对皮肤真是极好的，无论是对健康的皮肤，还是对有痘痘的皮肤。让皮肤得到充分的休息，才是让皮肤恢复健康的正路。

好习惯之二：保持心情愉快，适当减压。精神压力是造成痘痘的罪魁祸首之一，所以保持心情愉快无压力，才能釜底抽薪，从源头上消灭痘痘。

好习惯之三：不要盲目用药。引发痘痘的原因有很多，一定要对症下药。最好去看专业的皮肤科医生，按医生的指点用药。千万不要盲目地听从周围人的话，随便用药，因为你不知道你脸上痘痘的真正凶手是什么，自然不知道哪种药品对你的症候。

好习惯之四：养成良好的卫生习惯，尤其注意脸部卫生。早晚两次洗脸，不要化浓妆，不要随便往脸上涂东西。头发要扎到脑后，不要留刘海，免得头发上的细菌和脏东西感染伤口。如果痘痘长在下巴或嘴巴周围的话，不要穿高领的衣服，因为衣领一般是整件衣服最脏的地方之一。

好习惯之五：勤换枕巾、枕头、被单等床上用品。枕巾、枕头看起来干净，实际上是藏污纳垢的地方，灰尘、螨虫、细菌、油垢、头皮屑等看不见的脏东西最容易附着在这些床上用品上。而且，枕头、枕巾以及被单靠近脸部的部分，在睡觉时都是与脸部肌肤有长时间密切接触的。这些东西上的脏东西也是加剧脸部炎症的帮凶之一。所以，要养成勤换枕巾、被单的习惯，最好每天一换，至少也得每周一换。

好习惯之六：如果要化妆的话，化淡妆，使用补水效果好、质地清透的化妆品。在一些正式场合，化一层淡妆有很好的遮瑕效果，但化妆品要选质地轻薄、能控油的产品。油性的化妆品会加剧脸上的症状。另外，护肤品最好也选择补水控油的，对皮肤有好处。

　　好习惯之七：出门要防晒。前面已经讲到，长痘期间应避免晒太阳。在不得不出门时，一定要做好防晒工作。阳光中的紫外线对皮肤的伤害是很大的，何况是正在长痘发炎的脆弱皮肤。出门要涂防晒霜，无论是冬天还是夏天，不要认为冬天不热阳光中就没有紫外线了。另外，可以选择一些辅助防晒用品，出门时最好带个帽子或者打把伞，这样就算得上是双重防护了。

寻找适合自己的衣装

　　女生对服饰的选择与搭配，一定要注意两点：一点是漂亮，不仅要衣服本身漂亮，还要服装能遮蔽身材肤色的缺陷，并且突出身材的优点；另一点是要得体，也就是说穿衣服要适合自己的身份、年龄以及场合。

　　季节的不同也影响服装的搭配。根据季节选择衣服时，一般有两种思路，一种是选择与周围环境和谐融洽的服装，一种是选择与周围环境形成鲜明对比的服装。

　　最后，女孩们还可以根据自己的性格特点来选择突出自己个性的衣装。

　　一、肤色与服装的搭配

　　一般中国人属于黄色人种，皮肤偏黄。但黄皮肤又分为白色、黄色、红色、暗色四种。并不是每一种颜色都适合每一个人的，每个人都有属于自己的专属色系。下面小编就介绍一下具体肤色与颜色的搭配。

1.如果你的皮肤是白里透红的话，恭喜你。你的皮肤本身已经足够好看，是上好的肤色，不需要再运用强烈的色彩去衬托。这样的皮肤，应该选择一些偏淡雅简素的色系，如白色、裸色系、粉色系等，可以衬得你天生丽质哦。

2.肤色较白的女生，一般不挑衣服颜色。如果皮肤不是很有光泽的话，建议不要穿冷色调的衣服，因为这样会显得皮肤更加苍白暗淡。这样的女生比较适合浅色的衣服，如白色、黄色、粉红色、淡蓝色等等。如果穿红色衣服的话，可以衬托得肤色比较红润。

3.肤色为黄色的女孩，适合暖色系的衣服，以暖色系中的淡色为宜。例如黄色、浅橙色、浅红色等等。如果配白底红花或者白底红格子的衣服的话，可以显得肤色很有变化。值得注意的是，这样的女生不适合明度较高的蓝色、绿色、紫色等颜色。

4.皮肤黄色偏黑的女生，适合一些纯度较低的浅色混合色，如浅灰色、浅香槟色、米黄色等等。这些颜色可以冲淡服装颜色和肤色之间的对比。不宜穿黑色、军绿色和驼色，因为这三种颜色不仅会让皮肤显得暗淡无光，还会搭出一种脏脏的效果。

5.肤色红润的女生，适合用颜色较深的暖色系颜色。另外珍珠色也可以衬得皮肤健康红润。不适合用冷色和浅色，因为这些颜色会过分突出皮肤的红色，效果反而不好。

6.肤色红润偏黑的女生，适宜浅黄和白色，应避开浅红、浅绿等颜色。

7.皮肤黝黑的女生，适合暖色调的浅色，如白色、浅黄色、浅红色、浅橙色。另外纯黑的衣服也比较适合这类女生。穿衣时应避开纯度和明度较高的蓝色、绿色、紫色或者褐色。

二、根据身材选衣服

人的体型多种多样，每个人与其他人之间又有微妙的不同，所以在服装的款式和颜色上有不同的选择，这样就形成了每个人与其他人不同的穿衣风格。

在服装色彩的选择上，我们需要掌握各种色彩的视觉特性——浅色调或者艳丽的颜色具有扩张感和前进感，而深色和较暗的色彩具有收缩感和后退感。

人的身材大致可分为正常体型、整体偏胖型、整体偏瘦型、梨型身材、苹果型身材等几种。

所谓正常体型，女生可以参看"断臂的维纳斯"的雕塑，男生可以参看"大卫"的雕塑。据说这两件雕塑作品是根据人体的标准黄金比例做出来的。正常体型上下均衡健康，说得夸张些，就是"增一分则太肥，减一分则太瘦"，各部分比例协调搭配，堪称理想的身材。这种身材的女生在服装颜色和款式上挑选的自由度相当大。颜色上只要与肤色发色相匹配就行；在款式上也只需考虑身高和季节、性格喜好等参数即可。同时，要注意上下装的搭配。

整体偏胖的体型的女生，应该选具有收缩效果的冷色、深色。但也要具体问题具体分析。看过美国版《丑女贝蒂》的人可能对贝蒂的服装搭配印象深刻。上身浅色的衬衫搭配碎花背心，下身配具有收缩效果的黑色短裙和褐色丝袜，使身体显得不那么胖。贝蒂是那种整体偏胖的女生，但是她的皮肤鲜亮细腻，所以可以选择暖色的上衣。胖女孩切忌穿颜色和图案夸张的衣服。另外，上装和下装对比可以大一些，这样显得体型修长。如果你不是像贝蒂那么有自信的女生的话，最好也不要选择短裙。

体型整体偏瘦的女生，适合具有膨胀、扩大效果的浅色、暖色，这样可以使身材稍微显得丰满些。还可以利用衣服图案来调节身材的视觉效果，例如一些大格子花纹或者横向条纹，一样可以造成扩张感。这样的女生应该避免穿一些颜色清冷的衣服，明度较高的浅色如明黄色也应该避开，因为这些衣服会使原本纤瘦的身材显得更加干瘦。

梨形身材的女生，上身瘦、下身胖。在选择衣服时，上衣宜选浅色、暖色，下装宜选暗色、冷色，以平衡身材的不足。服装款式上，要突出上身的纤细，遮盖下身的不足之处。不适合穿短外套，如果有短外套的话，最好敞开穿。选外套时应该买下摆宽松的那种。另外，这种身材的女生适合穿高腰的哈伦裤一类的下装，显得下半身修长。

苹果型身材的女生，这种身材与梨形身材刚好相反，上身偏胖，下身偏瘦。一般胸部丰满，腰身较粗。这样的女生上衣适合穿深色、冷色，下装适合浅色，如白色、浅杏色、香槟色等。白色裤子配黑色上衣算是很经典的穿搭。因为腰身较粗，不适合穿高腰的裤子或裙子。上衣应该选择质地轻柔而设计宽松的款式，能有效地遮盖身材的不足之处。

　　好了，根据身材选衣服就介绍到这里。利用颜色的扩张或者收缩效果，尽量让我们的身材向完美的正常比例身材靠近，这是服装颜色搭配的一大秘诀。

服装的颜色搭配

聪明的女孩儿除了会根据自身条件选择适合自己的衣服外，还要擅长搭配衣服，让一件衣服在与其他服装搭配、碰撞的过程中发挥自己最大的修饰作用。服装搭配不仅是一门技术，而且是一门艺术。擅长服装搭配的女生可以让一件衣服在她手里焕发出新的、更加丰富多彩的生命力。

上面已经讲完了如何根据自己的肤色和身材来选择服装，那么这一节小编就将重点介绍服装与服装之间颜色的搭配原则。

一、色系搭配原则

相对配色，暖色系配冷色系。例如红色上衣配蓝色牛仔裤，深紫色衬衫配黄色包臀裙，白色T恤加橙色开衫配蓝色牛仔裤等等。

深浅配色，用浅色系配深色系。例如浅蓝色T恤配深蓝色牛仔裤或者休闲裤，白色上衣加浅灰色开衫配深色裤子，粉红上衣配铁灰色休闲裤等。这种配色要注意的是，深色系的衣服颜色纯度要高，不宜有夸张的图案或花纹。

同系配色，用暖色系配暖色系。例如淡黄色上衣配红色裙子，黄色T恤配绿色裤子。这种配法要注意的是，上身颜色要浅一点，下身颜色要深一点。

同系配色，冷色系配冷色系。例如浅灰色上衣配黑色下装，紫色上衣配黑色下装等。还是遵循上身浅色、下身深色的原则。但是这种配色由于色调条过冷，不适合肤色偏黑的女生。

明暗配色，即明亮色配暗色系。经典的搭配是黑白色的搭配。这种配色方案往往显示出强烈的色彩对比和视觉冲击，有利于勾勒身体的线条。

二、两条经典规则

如果实在不愿意多花时间在衣服配色的问题上纠结，大家只要记住以下两条规则就好。

第一，身上的颜色不要超过三种。在女生们还不大了解自己的穿衣风格的时候，全身颜色不超过三种，绝不出错，但也绝不出色，是中规中矩的穿法。一般来说，身上的颜色越少越显得干净利落、成熟优雅。在全身色彩较少的情况下，可以尽量选择一些线条明晰、有设计感的衣服，可以给人以优雅、干练的印象。

第二，控制色彩的面积比例。尽量避免两种色彩各占半壁江山的局面，一般以3：2或者5：3的比例为佳，尤其在两种颜色对比强烈的情况下。一般浅色、亮色会比深色、暗色更吸引人的目光。所以，将浅色、亮色运用到身材优势集中的地方，用暗色、深色来掩盖身材不足的地方。

三、色彩搭配的几大禁忌

亮色配亮色。最近流行的各种荧光色就属于亮色中的亮色。一般服装搭配的目的是要让人将视线集中在身材的优势处，简而言之就是要有重点。亮色很能够吸引人的眼球，但如果全身都是亮色的话，就会失去平衡感，让人不知道将视线集中在哪里好。也就是说，亮色加亮色的搭配会制造出没有重点的感觉。

暗色配暗色，例如深蓝、深紫配黑色，会让整个人显得暗淡无光。尤其是肤色偏黑的女生，往往会让她显得更黑。

杂色配杂色，如格子纹配条纹或者碎花。这样的搭配不光给人没重点的感觉，更会显得衣服的搭配凌乱不堪，有时甚至会制造出一种脏脏的感觉。

图案配图案，尤其应避开相同的图案。因为图案也有吸引视线的效果。一般穿有图案的衣服时，全身只有这一个图案便够，图案多了，就让整体的搭配失去了重点。

黑色配咖啡色、驼色等又暗、纯度又低的颜色，会制造出脏脏的感觉。

四、重点色彩的配色方案

白色。白色可以与任何一种颜色相搭配，但是要搭配得出彩的话，需要费上一番心思。白色与其他颜色的搭配有两种思路，一种是追求和谐，一种是追求对比。从和谐的角度看，白色一般可以与黄色、淡红、淡蓝、浅紫以及一些颜色较浅的粉色系色彩搭配，制造出一种温婉柔和的感觉。从对比的角度看，白色也适合与大红、深紫、黑色这样一些深色搭配。在追求对比的时候应该注意，与白色搭配的深色纯度和明度要高，这样能突出对比的效果，而且看上去很干净。白色与绿色搭配特别有春天的感觉。总之，白色占的比例越大，就显得越柔和、干净。

黑色。准确地说，黑色也属于百搭色，可以和大部分的颜色相搭配。但要注意的是，黑色的上衣可能不太适合肤色黝黑且没有光泽的女生。另外，黑色也不适合与咖啡色等有陈旧感深色相搭配。黑色与红色，黑色与白色算是相当经典的配色。黑色不太适合于绿色、尤其是深绿相搭配，但与荧光绿搭配的效果相当好。

米色。米色与白色多少有些相近。但白色和黑色一样，属于无情色，而米色相对于白色来说，多了一些情感色彩。米色常常给人干净、柔和、温暖、优雅而又不失纯粹的感觉，也算是相当厉害的百搭色，几乎能跟任何颜色相配。米色的搭配原则跟白色差不多，只是在效果上，与白色相比，少了几分锐气，多了几分低调、温暖而已。

蓝色。蓝色是最变化多端的颜色。李安的《色戒》里，王佳芝每次出场都穿一身蓝色的旗袍，每次旗袍都蓝得不一样——深蓝、浅蓝、天蓝、靛蓝……所以，色彩的搭配上，整个蓝色系加在一起，也算是百搭王之一了。一般颜色较深的蓝色，适合与浅色系的色彩相搭配，以此显示出强烈的对比的感觉。而较浅的蓝色搭配空间更大，可以和任意深浅的颜色进行搭配。至于明度和纯度都较高的湖蓝、天蓝，则适合搭配黄色、红色等明度和纯度同样较高的暖色系。另外，粉红和粉蓝的搭配会显得特别可爱，特别有小女生气质。

属于我的服装风格

每个人都有自己独特的身材和肤色条件，也有自己独特的个性气质和喜爱偏好，这些因素混合在一起，形成每个女孩独特的穿衣风格。

聪明的女孩儿懂得如何运用服装将她的性格特点、行为风格、思想和情感不动声色地表现出来。即使不说一句话，只通过她的穿着打扮便可看出她的个性特点或者心情好坏，从而不自觉地被她牢牢地吸引住。

穿衣不仅是为了追求好看、追求赏心悦目，而且是一种表达自我、张扬个性的方式。

一、"小清新"妹子

总觉得小清新的女孩儿有点像小龙女和小燕子的结合。小龙女端雅秀丽，温柔娴静，仙气飘飘，不食人间烟火；而小燕子却是爱极了人间烟火，爱生活，爱爱情，爱自己，古灵精怪，可爱得不得了。而小清新的女生，刚好同时拥有小龙女般的娴雅秀丽、超凡出尘的气质，又有小燕子般的热情以及可爱。

忘不了《小时代》里那个清冽得如同一泓清泉的女孩——南湘。长长的宛如海藻一般柔顺又乖巧的长发，干净得不惹纤尘的面容。她不像顾里那样，全身都被昂贵的物质包裹着。她的衣衫全都是从街边小店淘到、自己改良的，穿在身上，自然而然地散发出一种不食人间烟火的仙气。

原来，不追逐时尚、不热爱物质消费的女生，也可以把自己打扮得如此之美。青春无敌的女孩儿们，你们是否意识到这一点——青春本身已经足够美好，根本不需要太多的物质修饰，青春里的女孩儿，只要自然而然的，就已经是最美的了。

小清新妹子与森女有些像，但又有所不同。简而言之就是，森女是小清新女孩里的一种。而小清新系妹子的穿搭，主要可以分为田园类、森女类、校园类和文艺类。

田园类的小清新女孩，在服装色彩的选择上，可以多考虑一下田园常见的自然色，比如白、黑、蓝、赭黄、灰以及树叶的各种绿色和花朵的各种颜色。在服装材质上，偏向棉、麻、亚麻等自然布料。在服装图案上，一般可以考虑格子、碎花之类的，看上去特有田园气息。在服装的款式上，推荐简单宽松的衣裙。这样的衣服穿起来轻松舒适，不夸张、不浮华，多了两分自然、两分沉静。有时也可以搭配一些小饰品，例如编织的帽子和包包，再点缀些蝴蝶结之类的。

森女类的女孩要突出她们干净清爽的气质，服装色彩要尽量地贴近自然色，以浅色系的白色、米色、淡黄、淡绿为佳。服装颜色搭配不宜太过庞杂，以淡雅为主。在服装的面料上，偏向柔和的棉麻、雪纺，款式以简单为要，稍稍可带一点夸张，例如《小时代》里南湘飘逸的长裙。至于小饰品，宜少不宜多，宁缺毋滥。

喜欢校园类打扮的女孩，主要突出其青春活力和那股可爱劲儿。在服装颜色上，适合暖色和亮色，全身色彩可以稍微丰富些，跳跃些。粉色系的搭配非常适合这类女孩。服装的材质不拘一格，但还是以温暖柔和为佳。可以加一些可爱的点缀，如漂亮的水晶项链、色彩明快的亚力克手镯、水果色的漆皮系腰带之类的。服装的款式上，还是以简洁明快为主，可以参考一些少女流行品牌的设计。

最后是文艺类。这绝不是说文艺类的女生是属于小清新的范畴，只是说文艺女生也可以打扮得很小清新而已。像安妮宝贝笔下的女子们，留长头发，穿白色的棉布裙子，光脚穿球鞋的打扮，就很有小清新的味道，但绝不是说这类女孩就是小清新美女。相反，看过安妮宝贝作品的人都知道，那些女子的表面与内心是一直处在矛盾纠结状态中的。文艺类的小清新女生穿搭没有常规的章法，全凭自己的喜好和审美，将各种衣服鞋子饰品搭在一起，弄出来的东西也很好看，一样给人清新自然的感觉，于是就形成了这类女生自己的穿搭方法。

鞋子的搭配

都说鞋子是人的第二张脸，这第二张脸合不合适，好不好看，与全身的搭配协不协调，都关系到一个人的整体形象的好坏。一双干净漂亮又得体的鞋子往往给人整洁、精致、一丝不苟的印象。在服饰搭配上游刃有余的女生会特别注意鞋子的搭配，她们可以将一双鞋子变成全身着装的点睛之笔，大方得体又能不动声色地表现她的个性、喜好和审美品味。

一双好的鞋子可以让女生走得更高更远。好鞋不仅穿着舒服，而且对女生的双脚也大有好处。双脚在走路时承担着身体全部的重量，最容易磨出茧子、磨出水泡。这些问题处理起来都很麻烦，而且大家都知道，脚上磨出水泡很痛的。所以，女生们应该尽量给自己买好一点的鞋子。好鞋子不仅穿起来舒服，而且，脚上的负担减轻了，整个人心情也会变得好起来。

一、女生鞋柜必备品

鞋子的款式千变万化、数不胜数，但基本款就那么几个。为了搭配不同风格、不同场合的衣服，女生的鞋柜里自然是有几款常年必备的鞋子的。

帆布鞋。帆布鞋算是鞋子里的百搭王，只要不是正式场合穿的衣服裙子，它几乎都能配。同时，帆布鞋也是文艺范儿的女生必备利器之一。它并不起眼，却像是岩石缝里长出来的小野花一样，在那里静静地绽放自己的青春气息。在文艺女生看来，这恰好符合她们低调、舒适的生活态度，静水流深。

帆布鞋的款式变化很多，有人喜欢穿简单的纯色平底帆布鞋，有人喜欢在斜面上加点图案、蕾丝花边什么的，也有人喜欢手绘的帆布鞋。

一般简洁的纯色帆布鞋搭配休闲款、运动款的衣服都很好看，显示出主人干净利落不拖泥带水的爽朗个性。加了可爱图案或蕾丝花边的帆布鞋，配明亮可爱的休闲款衣服比较合适，能突出主人萌直可爱的小女生个性。有的帆布鞋图案比较夸张，色彩搭配也很大胆，可以突出主人与众不同的摇滚个性。最后，手绘的鞋子，图案可以挑选自己喜欢的，是最能突出主人性格特点的一种。例如小编的朋友是个中国风控，有一柜子手绘的衣服鞋子，图案全是中国风的水墨画，很好看。

在款式上，帆布鞋也有很多变化。最常见的是厚厚的松糕底的帆布鞋，还有能增高的帆布鞋，很适合个子娇小的女生穿。另外，这两年还流行一种平底单鞋款式的帆布鞋，开口比较大，鞋带纯属装饰性的。这种帆布鞋适合夏天穿着，轻便透气，而且更多了一些淑女气，适合搭配短裙、短裤等。

高跟鞋。每个女生都应该有一双自己的高跟鞋，无论是个子娇小的女生，还是个子高挑的女生。因为高跟鞋不仅仅只是让女生陡然又高了几厘米而已，它是女生性格的一个侧面——一个美丽的侧面。很多女明星都有收藏高跟鞋的习惯，她们执迷于各种高跟鞋，收藏的高跟鞋都够堆满一整间屋子，原因就在于，她们认为这些高跟鞋就是她们自己，每一双高跟鞋都是她们的一个侧面。

从宋代到清代，汉族的女人都有裹小脚的习惯。都说裹小脚是对女性的一种束缚，裹出来的小脚是畸形的，本身很不好看。女人们也被裹得很痛苦。那么，为什么还有那么多的女人要裹小脚呢？后来，有人发现，裹小脚可以造成一种类似于穿高跟鞋的效果，使女性显得更挺拔，更有魅力。几百年以来，人们就是为了获得这种类似穿高跟鞋的效果，才让那么多的女性们都裹上了小脚。从这里我们可以看见，穿高跟鞋的女性魅力有多大。

一双合适的高跟鞋，让女孩的身体显得更加挺拔，同时，也能带出属于她的独特魅力。这种魅力平时是隐藏着的，但是，一穿上高跟鞋，它就被不自觉地带出来了。高跟鞋就是有这么大的魅力。

一般来说，在一般场合，女生只要穿5厘米的高跟鞋就够了，大方得体。但现在市场上的高跟鞋都是7厘米以上的，这种高度能更显魅力。

　　按道理说，高跟鞋的鞋跟越高越细就越显得性感，越显出女人味。但小编不建议女生穿太高的高跟鞋。因为高跟鞋对女生的双脚及骨骼都是有伤害的。这种伤害比较隐形，所以一般女生都看不到。"贝嫂"维多利亚便是一个狂热的高跟鞋控，每天出门必穿高跟鞋，结果弄得骨骼变形，不得不做手术。

　　所以，高跟鞋虽然好看，但不要每天都穿。毕竟身体是革命的本钱，健康才是最重要的。建议女生们每天穿高跟鞋的时间不要太长，出门穿穿便好，在家还是换上平底鞋为妙。另外，像逛街这种需要长途跋涉的活动，要穿平底鞋。每周至少要有两天穿平底鞋，另外5天可以穿高跟鞋。

　　运动鞋。热爱运动的女生一定要有一双好的运动鞋，滑板鞋也好，网球鞋也好，一定要是专业的运动鞋。生活不能缺少运动，即使是不爱运动的女生，也要参加学校的体育活动，也要上体育课吧，所以，运动鞋是必不可少的。

　　有人说，穿帆布鞋运动也很舒服啊。小编想说，这是一个误区，并不是任何平底鞋都适合运动的。在跑步、打排球、打乒乓球这样剧烈的运动中，我们双脚所承受的负担比平时更大，也更容易受伤。专业的运动鞋比一般的鞋子设计得更贴心，更能有效地保护我们的双脚。

　　平底鞋。平底鞋的装饰性比帆布鞋、运动鞋都要好，也不像高跟鞋那样，穿着累脚，所以成为了很多女生鞋柜中的必备品。平底鞋比帆布鞋更适合搭配淑女、名媛风格的衣服，适合作为高跟鞋的替代品，在出门逛街等活动中穿着。

二、买鞋需要注意的几点小问题

常常碰到这种情况，买回来的鞋子不合脚，或者磨脚，或者不知道怎么配衣服。遇到这种情况，女生们常常会觉得辛苦买回来的鞋子很鸡肋，想穿，又不知道怎么穿，穿着又不舒服。于是好好的一双鞋常常在穿了一两次之后，便被束之高阁了，不仅浪费钱，而且多少觉得有些可惜。出现这种情况，问题当然出在买鞋的时候了。

首先，在选购的时候，尽量选择一些品质有保证的品牌鞋店。现在有许多女鞋品牌是针对收入不高的学生群体的，鞋子不贵，质量也有保证，款式也比较漂亮。女生们在鞋子上也不能怕花钱。因为鞋子穿着舒不舒服，直接关系到自身感受和健康。而且，鞋子是人的第二张脸，鞋子的品质直接关乎脸的品质。宁可在衣服上少花些钱，也不可在鞋子上吝惜。

其次，选好了鞋子之后一定要试穿。两只鞋都要穿上，并在店里走几步。如果有不适感，就要换掉。试穿绝不是只试一下鞋子大小合适与否这么简单。一双鞋如果设计得不合理，难免会出现磨脚、挤脚或者穿着不舒服的情况，这些问题都是要穿上鞋走一下才能试出来。如果试穿过程中没出现什么不舒服的情况，那么这双鞋基本上是适合你的。

最后，一定要看清楚鞋子有没有什么质量问题，比如掉胶、鞋面磨损或者部件残缺的情况，免得退换货弄得麻烦。有拉链的鞋子要看拉链是否平滑好用。如果是系扣的凉鞋，一定要看鞋扣是否结实灵活。

好了，这一篇小编就介绍到这里。亲爱的女生，你会挑选鞋子了吗？

包包的搭配

男生出门时往往很潇洒，一个兜里装手机，一个兜里装钱包，两手空空就可以出去跟喜欢的女生约会啦。可是，作为女生，永远都不可能有男生那样的潇洒劲儿。女生出门要带的东西太多了，手机、钱包、钥匙扣、粉底、口红、面纸巾……数不清的东西，又不能像男生那样，一个兜里放一点。于是，我们可以看到，几乎每个女生出门都得带个包。因此包包就成为女生装饰品的一部分。

所以说，包包这种东西，是集实用性与装饰性于一身的。打开女生的包包，可以看到各种东西杂乱无章地堆在一起，但是从外面看，依然漂亮可爱，娇媚可人。所以，有人将包包比喻成女生的闺蜜或者父母，对我们知根知底，又擅长为我们粉饰太平。

一、包包的搭配原则

既然包包是女生必不可少的饰品之一，那么，怎样搭配包包，更能显得好看，显出女生们独特的个性气质呢？下面，小编就介绍几条包包搭配的原则和技巧。

原则一：从数量上讲，包包以一个为宜。一般情况下，女生们出门时带的东西用一个包包就装得下。而且，只有一个包包，看上去才显得潇洒利落。如果实在有很多东西要拿，需要两个包的话，最好用一个双肩包加一个手提包。双肩包可以大一些，手提包要小一些。并且要避免使用同一个系列的包包。这样看起来要显得活泼一点。

原则二：包包的面料与颜色应该与衣服相协调。流行色的衣服自然要配流行色的包包，但颜色不要一模一样。喜欢穿T恤牛仔裤的女生可以选择帆布包、尼龙包这样质地偏硬朗的包包。而喜欢森女、小清新风格的棉麻布衣料的女生，可以选择棉麻布包、编织包等自然清新、质地偏软的包包。喜欢穿纯色衣服的女生，包包也要配纯色的，色彩可以新鲜明亮一些。反正，不同面料的衣服，自然也要搭配与之相协调的包包。

原则三：脸型、身高与包包的搭配要协调。如果脸部线条硬朗，显得有英气的话，包包的质地、款式和颜色也应该硬朗些。这样的女生适合机车包、桶状包一类的款式，看上去英气勃勃。相对来说，如果脸部线条柔和，如圆脸、鹅蛋脸的话，包包的款式应该柔软些，如饺子型的包包。

在身高上，高个儿的女生适合大包，看起来潇洒不羁，利落、大方。如果包包太小的话，反而会显得小家子气。相对的，个子娇小的女生适合小包，看起来娇小可爱。如果硬是背大包的话，会显得个子愈发的小，也会显得小气哦。

原则四：装饰性与实用性的统一。大家在关注包包搭配原则的同时，千万不要忽视包包的实用性。毕竟，说到底它是用来装东西的。我们买包包时一定要考虑平时带出门的东西，看这款包包装不装得下。一般上学的女生每天要带些书、笔记本和笔之类的东西。那么包包就不能太小，起码应该装得下两到三本书。另外，一些包包还有贴心的零钱袋、手机袋、笔袋的设计，用起来方便，拿起来美观。

二、包包与服装的色彩搭配

衣服和包包的款式多种多样，每年都在更新，让人颇有一种眼花缭乱之感。所幸的是，衣服颜色的更新速度远赶不上款式的更新速度。让小编可以从色彩的角度对衣服与包包的搭配讨论一下。下面，小编就介绍几种常见颜色的衣服与包包的搭配技巧。

白色衣服，看上去干净、纯洁、轻盈，适合搭配浅色的包包。与白色衣服的搭配方法相似，白色与黄色是绝妙的组合，白色轻盈，黄色鲜嫩，看起来纯洁可爱。白色与浅紫也很好，看上去有一种职场OL的味道。白色搭配粉红色，看上去很可爱，很有小女生气质。白色与大红色的搭配则热情似火。另外，白色与绿色的搭配看上去干净清新，很有春天的味道。

黑色衣服。黑色本来就是一种很有个性的颜色，也是一种无情色，搭配空间很大。经典的黑白、黑红搭配就不用多说。黑色与小面积的桃红色搭配，妩媚中透着可爱；与米色的搭配有些难度，但要是搭配得和谐的话，看上去也别具一格。总之，要搭配黑色衣服，包包的颜色就要纯，要高纯度的颜色。另外，黑色衣服不要配绿色包包，尤其是深绿，会造成一种紧张、恐怖感。黑色衣服也不要搭配咖啡色、驼色、土黄色的包包，会有一种肮脏的感觉。

蓝色衣服。前面提到过，蓝色变化非常丰富，蓝色本身就已经可以成为一个独立的色系。深蓝的衣服配黑色的包包显得浪漫又神秘，配红色则显得妩媚多姿；与灰色相配显得优雅内敛；与白色搭配则干净清新。浅蓝色与浅紫色是很好的组合。另外，粉蓝色与粉红色相搭配，会迸发出意想不到的青春气息。

米色衣服。米色纯度低，但相对白色来说更多了一份温暖与宽容的感觉。米色也更容易与其他颜色相融合。基本上，白色能够搭配的色彩，米色都能搭配，只是感觉稍有不同罢了。所以，要与米色衣服搭配，女生们与其把力气花在包包的色彩上，倒不如花在款式上。米色适合一些线条柔软款式的包包。另外，小编在这里要补充的是，米色与其他纯度较低的色彩更容易搭配，如灰色、粉红、粉蓝、粉紫等。米色与黑色的搭配难度稍大，所以建议穿米色衣服的女生们还是不要配黑色包包为好。

紫色衣服。紫色是所有颜色中最难与其他颜色相搭配的。它是色彩中的贵族，不仅在古代为贵族所专享，而且对染色技术、面料的要求非常之高。所以，紫色也是最优雅高贵的颜色。一般来说，紫色有浅紫和深紫两种。浅紫浪漫，适合搭配纯度较高的浅色，如白色、黄色等。深紫神秘高贵，应该配高纯度的深色，如黑色等，不宜配亮色。但是，深紫与明黄又是一绝妙的组合。穿深紫的衣服时，可以背一个亮亮的黄色包包，但包包宜小不宜大。

文艺女孩的服饰搭配

　　所谓文艺，是一种人生态度。文艺女孩追求一种在"低处"生活的自由生活状态。她们爱读书、爱旅行、爱文化、爱生活，有广博的见识、高远的情怀和丰富的精神世界。她们有自己独特的品味和审美，有自己独立的选择标准。她们有天生的浪漫情怀，也能站在时代的前沿，拥有最前沿的摩登气质，喜欢玩味一些有品味、有设计感的东西。她们既时尚又知性，既独立又自足，会自主地思考问题，对知识保持着一如既往的饥渴态度。

　　文艺女孩儿的穿衣风格被定义成"文艺范儿"。文艺范儿这种穿衣风格没有什么铁一般的规律可以遵循。开始是在安妮宝贝早期的作品里出现，这些女孩身穿白色的棉布裙子，光脚穿球鞋，追寻灵魂与身体的平衡。后来又有女作家张悦然，她曾经给自己发明了一个词——"嚣艳"。她曾经喜欢用红红绿绿的头绳给自己扎满头的小辫子，穿有夸张图案和花纹的裤子，脚上的球鞋永远都是一只一个颜色……从这里可以看出，早期的文艺范儿并没有什么固定的格式，全凭着女孩们随意地搭出自己想要的样子。

随着"文艺"这个词被越来越频繁地使用，人们开始在心中将文艺范儿这个词固定下来。大致是指一种简约、自然、朴素而又有其独特的审美感和摩登感的穿衣风格。台湾女演员桂纶镁和出演过多部文艺片女主角的内地演员汤唯被定义为文艺范儿的典型。温婉恬静的外貌、清新自然的气质，独特自我的穿衣风格，这是她们共同的特点。

属于文艺范儿女孩儿的常见衣服有飞扬半身长裙、、帆布鞋、宽松的格子衬衫等，当然，黑边眼镜是大部分文艺女青年的必要装饰品之一。这些东西都是在流行时尚中长盛不衰的时尚常青树，但是要把这些常青树穿得好看，穿出自己的风格，却是一件要下功夫的事情。

首先是半身长裙。现在市面上半身长裙的种类很多，一般不过是棉麻、亚麻或者雪纺这几种材质。从鲜艳厚重的民族风到清新飘逸的文艺范儿应有尽有。在搭配长裙时，主要看长裙的颜色和质地。如果是垂坠感较好的棉布或者棉麻，可以配浅色系的紧身上衣，各种领口的紧身T恤是很不错的选择。如果是颜色较素净的亚麻，可以配以颜色稍稍艳丽一些的紧身上衣。如果是轻薄飘逸的雪纺，建议搭配与裙子面料相似、轻薄宽松、有飘摇感的上衣，颜色宜浅不宜深。

其次是帆布鞋，建议选择纯色净面的帆布鞋，白色是最理想的颜色。如果嫌单调，可以买几双颜色不同的糖果色帆布鞋，一只脚上穿一种颜色。还有一种是好看又有个性的手绘帆布鞋，穿起来好看又不失个性。

第三是衬衫。还记得《李米的猜想》里周迅的造型吗？虽然不是格子衬衫，但穿起来依然很有文艺范儿。女生们可以尝试将格子衬衫当薄外套穿，无论是敞开穿还是系好扣子，都很有型。搭配随性的牛仔裤，显得率性自然、无所畏惧，就像李米一样。

最后，黑框眼镜，小编认为戴不戴都没关系。说到底，文艺是一种从骨子里带出来的气息。要成为真正的文艺女孩，多看书多修炼才是重点。

小饰品的搭配

　　爱美是女孩儿的天性，收集美当然也是顺性而为。女生们通常都有一个类似于潘多拉魔盒的盒子，里面放满了自己心爱的小首饰，项链、手链、戒指、耳环等等。千万不要小瞧了小饰品在服装搭配上的作用，有时一枚胸针，或者一串项链，往往可以在全身的穿搭上起到画龙点睛的作用，甚至连化腐朽为神奇的功效都有。

　　饰品具有不可低估的衬托作用，能增加佩戴者的魅力和自信。翻开法国女人的饰品盒子，你会发现她们数量最多的首饰是胸针。胸针是她们把自己打扮得美丽优雅的法宝之一。自从时尚先锋香奈儿女士发明了吸烟装和小黑裙，第一次将黑色用在时装上之后，黑色在西方流行时尚界长盛不衰。法国女人尤其喜欢黑色，因为黑色可以将她们的皮肤衬得很白。但身着黑色的衣服不免看起来单调，所以，聪明的法国女人在胸口别上一枚质地良好、造型优美的胸针，这样一来，整个造型就生动灵慧起来了。

首先，在耳饰的选择上，主要要考虑佩戴者的脸型、肤色、服装、发型、身材等。

一般来说，鹅蛋脸的女生适合任何款式的耳饰，选购耳饰时只需要参考肤色、发型、身材等因素。方下巴和圆脸的女生适合长形或者花枝形状的耳环，能够拉长人们的视线，以平衡方下巴造成的脸短的视觉效果。三角脸和长脸的女生适合圆形耳环，可以将人的视线向两边拉，以平衡脸部比例，把脸衬托得小巧玲珑。至于方脸的女孩儿，可以选择小巧玲珑的耳钉或者耳坠，这样显得很有个性。

在肤色搭配上，要么耳饰颜色与肤色相协调，要么就形成对比，起反衬作用。选择与肤色同一色系的耳环，一定没错。肤色偏暗的女生不适合戴颜色鲜亮的耳饰，一般可以选择银白色的。相反，肤色较亮的女生对耳饰的颜色则不大挑剔。另外，珍珠色可以衬得皮肤鲜亮，尤其适合皮肤没有光泽的女生。

发型与耳环的搭配上，遵循长配长，短配短的原则。发饰应该与耳饰的风格一致。具有古典气质的盘发最好配质地良好的耳坠，可以营造出一种端庄优雅的古典气质。

在服装与耳饰的搭配上，主要考虑服装风格与耳饰风格的一致性。耳饰的颜色可以与服装颜色相似。淑女装配小巧淡雅的耳饰，职业装可以配项链与耳饰的套装，夸张的而又富于想象力的耳饰可以与线条锋利、充满设计感的衣服相匹配。

另外，身材娇小的女生不宜戴大个头的耳环，会显得身材更小；而身量较高的女生则不适合过于小巧的耳饰，显得小家子气。

其次，脖子是女孩身上最性感最漂亮的部分之一，自然少不了项链的点缀。在选择项链时，主要需要考虑脸型和脖颈长短的因素。

在脸型上，主要考虑脸型的长短。一般圆脸和方脸的脸型较短，不适合揭领式的短项链，应该选择长一些的项链，可以拉长视线，显得脸不是那么短。相反，长脸的女生就比较适合短项链啦。

一般来说，脖子较短的女生也不适合揭领式的短项链，项链也不宜过粗。以细长的长项链为佳，可以显得脖子长一些。脖子较长的女生在项链款式上不怎么挑剔，怎么戴都好看。另外，长项链可以显得佩戴者优雅端庄，而短项链则可以将佩戴者衬托得活泼可爱。

第三，在戒指的选择上，长而纤细的手指几乎适合任何类型的戒指。手指短的，宜选择纤细些的戒指，手指短而扁平的，可以选择一些蛋形、菱形的戒指，可以起到衬托的效果。

如果戒指带着觉得太松，可以拿红色的丝线缠绕戴在指腹这边的部分；如果太紧则在退下的时候可以在手指上涂一些肥皂做润滑。不过小编不建议女生戴太紧的戒指，一方面是因为这样不舒服，另一方面是因为这样会阻碍手指的血液循环，对手指不好。

第四，手链、手镯和手表。在手链的选择上，主要看女生手腕部分的形状。一般来说，最理想的手腕是那种又纤细、骨骼又不明显的，这种手腕几乎适合任何类型的手链。另外，还有纤细而骨骼明显的手腕，适合佩戴款式简单的手链，这样可以显得手腕线条柔和。手腕较丰满、骨骼不明显的，适合戴宽一些的手链。《红楼梦》里薛宝钗就是这种手腕，她戴的是元春赏赐的红麝串，属于较粗的手链了。搭配效果应该相当好，作者写道那一回贾宝玉看她的手腕都看呆了。手腕丰腴而又骨骼明显的女孩儿们适合戴一些造型夸张大气、容易吸引人眼球的手链，主要是为了转移对方的注意力。

至于手表和手镯，丰满的手臂适合粗一些的，而纤细的手腕则适合细一些的。否则，细手镯会显得粗手腕更粗，粗手镯会让原本纤细的手腕显得更加的瘦骨伶仃。

最后，小编在这里推荐一下银饰和玉石。白银不仅纯净漂亮，适合任何肤质肤色，而且佩戴起来有利于身体健康。一般的少数民族喜欢用银碗盛放食物，因为白银遇酸后有消毒杀菌的作用。身体健康的人戴白银首饰，会让白银越戴越亮；相反，若是身体出现什么毛病，白银就会变得暗淡无光。所以，白银首饰还有健康状况晴雨表的作用。

至于玉器，不必多说，一般人都认为佩戴玉器，包括玉佩、玉镯、玉戒指等有保平安的作用。玉石的形成需要几百万年的时间，所以中国人认为玉是有灵性的。一个人长期佩戴一件玉器，那块玉便会沾染主人的气息。所以，很多中国人都将玉器当作传家宝传给子孙后代。

另外，从佩戴效果上说，玉器往往可以衬托主人优雅端庄的古典气质。同时，人们常说"黄金有价玉无价"，一件玉器戴在身上，一般人看不出来它值多少钱。所以，玉器也是主人低调性格的象征之一。

手足部的日常护理

女生们千万不要认为手和脚不重要。其实手和脚跟脖子一样，算是女孩儿身体上很性感、很漂亮的部位，只是常常被我们忽略而已。我们的手和脸一样，长年暴露在空气中，吃饭写字拿东西全靠它，所以它受到的伤害也是最大的。而脚则常年封闭在暗无天日的鞋子里，站立和走路的时候承担着身体全部的重量，是我们身上最辛苦的部分之一。这样看来，手和脚常年处在一种被磨损的状态，要想拥有漂亮的手足，得下功夫保养才是。

一、手部日常护理

手部护理与脸部护理一样，首先要做好清洁。用杏仁粉和等量的蜂蜜混合，涂抹在手和小臂上，再用保鲜膜封上10分钟，最后洗干净。这种方法有很好的清洁和养护效果。市场上杏仁粉和蜂蜜的价格相对较高，而且这种方法多少有点费事费力。如果美女们不喜欢这个的话，下面的方法也能起到很好的清洁效果：用玉米粉加柠檬汁或白醋调成糊状，搓洗手部，能有效地清洁手部皮肤，并且能防止手部干燥和皮肤开裂。

第二步是滋润。我们的皮肤表面覆盖了一层皮脂膜，可以保护皮肤的水分不流失，从而保护皮肤。皮脂可以被洗掉，但是皮脂腺会分泌出新的皮脂来保护皮肤。手长期浸泡在水中或者暴露在户外，手上的皮脂膜就可能被破坏。而天气一旦寒冷干燥起来，皮脂的分泌又会减少，从而导致皮肤干燥、脆弱、开裂等等。所以，要保护好你的双手，就需要对皮肤进行充分的滋润。

一般人喜欢在洗手后在手上涂一层护手霜，这是一个很好的习惯。尤其是在秋冬季节，天气寒冷干燥，护手霜中的油脂成分能够很好地保护我们的皮肤。至于在春夏时节，大家不妨在洗手后在手上涂上一些护肤乳液。乳液有很好的滋润效果，在春夏季节也不会太油腻。

第三步，滋养和美白。人们常说"纤纤玉手"：一方面是说手的形状好看，手掌轻薄，手指修长；另一方面是说手上皮肤白腻，光洁如玉。所以，要拥有一双漂亮的手，将手上的皮肤养得白白嫩嫩，皮肤护理上还得下一番工夫才行。

方法一：将芳香精油或者有美白效果的护手霜涂抹在手上，戴上家庭厨房用的一次性塑料手套，10~15分钟后摘下，最后将手洗净。经常这样做，会使手部皮肤变得白皙细嫩。

方法二：用醋或者淘米水洗手。手在接触洗洁精、肥皂一类的碱性物质之后，皮肤表面的酸碱平衡会被破坏。这时，用醋或者柠檬汁洗手，可以中和手上残留的碱性成分，使皮肤恢复到酸碱平衡的状态。煮饭剩下的淘米水也是宝贝。经常将手放在淘米水中浸泡10分钟左右，可使手上皮肤变得光洁。

方法三：用牛奶或者酸奶敷手。牛奶和酸奶是大家公认的美肤圣品，所以，喝剩的牛奶或者酸奶千万不要浪费。将盒子或者瓶子里剩下的牛奶或者酸奶倒出，均匀地抹在手上，还可以戴一层塑料膜，10~15分钟后洗掉，有很好的保湿美白效果。用牛奶或酸奶敷手的时间不宜过长，因为时间长了牛奶里会滋生细菌，反而对皮肤不好。

方法四：自制手膜。将鸡蛋蛋液与适量的牛奶、蜂蜜相调和，敷在手上，用保鲜膜包起来，加热毛巾敷手。10~15分钟后洗干净，涂护手霜，可以保湿、去皱、美白。

另外，对待手部的老茧和冬天冻裂的问题，小编也收集了一些应对方法。

一般来说，手上起茧是由于长期的劳动和手部的摩擦造成的，是皮肤自我保护的一种方式。但是，手上有茧子毕竟影响手的美观。如果手上的茧子不是很厚的话，可以用磨砂膏或者去角质膏这一类有剥离效果的护肤品着重打磨茧子的部位，以达到磨平茧子的目的。如果是比较厚的茧子的话，要先用温水将茧子泡软，然后用刀片一层一层地刮掉多余的部分。切记不可一次性下手太重，以免伤及皮肤。若不慎刮破皮肤，先用医用酒精消毒，后贴创可贴。

冬天的时候，一部分女生总是为手被冻伤而苦恼，好一点儿的手上肿起一大块，严重一点儿的会起冻疮。造成手部冻伤的原因有两个，一是天气寒冷，二是手部血液循环不畅。所以，要预防冻疮，得从保暖和活血两方面下手。

在保暖方面，没有更多的方法，戴上足够厚的手套就行。另外，身上的衣服也多穿些，千万不要只要风度，不要温度。因为一旦身体寒冷的话，身体大部分的血液会集中到内脏，以维持体温。这样一来，流到身体四肢上的血液就少了，会加重手上的寒冷感。

在促进血液循环上，要经常运动，多搓手，多吃牛肉、羊肉这种性热的食物。另外，酒也能促进血液循环。手一旦被冻伤，要趁还没有冻裂的时候，用生姜和酒按摩冻伤部位，防止冻伤恶化。

二、足部日常护理

夏天的时候，女孩们都喜欢穿各种各样的凉鞋。这时，平时被包裹在鞋子里的脚终于重见天日。好看的鞋自然要配好看的脚才行。将一双玉足养漂亮了，穿什么鞋子都好看；反之，如果脚上脏兮兮皮肤又暗淡的话，再好看的鞋了都穿不出它的味道来。

要做好足部的护理，清洁工作很重要，它是一切保养工作的基础。足部的清洁主要分两个部分，一是脚趾的清理，包括修剪脚趾甲，二是去除死皮硬皮。

每次清洗足部的时候，都不要忘记脚趾缝部分，这里汗液分泌较多，最容易滋生细菌。很多人脚上的异味也是由这个部分散发出来的。所以说，脚趾缝的清理很重要。

其次是脚趾。夏天，女孩们常喜欢在脚趾甲上涂一些漂亮的指甲油，以点缀脚趾。要想让脚趾美观，趾甲的清理很重要。修剪趾甲时，下手不要太重，以免伤及皮肤。趾甲的边缘尽量修剪得圆一些。市场上有专门的指甲剪，使用起来非常方便，女孩们可以用这个来修剪脚趾。修剪完之后，用趾甲锉或者专门的砂纸打磨趾甲表面。记得要顺着一个方向打磨，否则会使趾甲表面变得毛糙，不好上指甲油。

趾甲缝的清理是重中之重。趾甲缝里的污物一般是没法用热水泡出来的，它们也是造成脚臭的罪魁祸首之一，也特别影响趾甲的美观，得用趾甲刷来清理。一些藏在脚趾缝深处的脏东西，可以用专业的清洁棒剔出来。

至于脚上的死皮，是由于长期摩擦造成的。冰冻三尺，非一日之寒。要化掉三尺寒冰，自然也不是一日之功。所以，要去除脚上的死皮，千万要有耐心，要长期坚持下去。具体说来，针对脚上的死皮，可以用磨砂膏、脚茧锉和磨脚石来去除。磨砂膏安全方便，但收效甚微。用脚茧锉或者磨脚石的时候，记住要沿着同一方向打磨，下手也不要太重，以免伤及皮肤的正常组织。

清洁工作做好之后，就剩下保养了。做足部按摩和用营养霜就不用提，和手部的保养差不多的步骤，只是用的产品不大相同而已。小编要补充的是，经常泡脚不仅有利于足部保养，还可以起到安神的作用，促进睡眠哟！

指甲的装饰

喜欢蔡依林的女生们都知道，这位天后爱指甲如命。对她来说，没有装饰好指甲就跟没穿衣服一样，是出不得门，见不得人的。她是一个比较极端的例子，不过我们由此可以看到，女生对美的追求是无止境的，甚至要求像指甲这样细小的部位也同样美丽。蔡依林是个完美主义者，所以才会在指甲的问题上如此的"斤斤计较"。

一、指甲的护理

我们指甲的主要成分是硬质蛋白，组织致密而坚固，略带弹性，呈半透明状。指甲的存在主要是为了保护手指末端不受外界伤害。指甲是一个非常值得我们关注的部位。因为我们的手每天都要接触各种各样东西，所以手指最容易沾上污物。而停留在指甲缝里的污物又不是随便洗洗手就可以去除的。

首先，经常清洗指甲是一个好习惯。清洗指甲时记得要用指甲刷将指甲缝里的污物剔出来。但切忌用针一类的硬物剔除，这样有可能会一个不小心伤了指甲缝里的皮肤组织，反倒让污物进到更深处去了。

干脏活时，最好戴上手套。如果没有手套或者用手套会造成不便的话，可以用手抓一抓肥皂，让肥皂屑填充在指甲缝里，一面防止污物进入指甲缝，一面方便事后清洗。

第二，保持指甲清洁的同时，也要注意指甲形状的修理。指甲留得过长会更容易堆积污物，而且也不方便日常生活。许多人指甲长长之后一泡水就容易断。指甲断裂的时候最容易伤及指甲周围的皮肤组织。有人喜欢将个别手指的指甲留得特别长，既不利于个人卫生，又影响美观。而且许多人的指甲留长之后便容易扭曲变形发黄，实在不好看。所以女生们要注意经常修剪指甲。经常修剪指甲可以防止指甲缝内存积污垢，又可对指甲进行修饰，使指甲看起来自然美观。

指甲通常可以分为四种形状——圆形、方形、椭圆形和尖形。

圆形指甲头部并不突出，干净利落，适合经常做家务的女生。也有女生追求自然干净，不喜欢在指甲的形状上多花工夫，这样的女生也适合圆形指甲，修剪、打理都很方便。

方形指甲头部较宽，适合手指纤细的女生，可以显得手指前后匀称。

椭圆形指甲是大多数女生的最爱，指甲头和指甲尾都圆润流畅，很是好看。

尖形指甲适合手指粗短的女生，可以显得手指纤细。

指甲的形状由个人的手指形状和主人的喜好来定。另外，修剪指甲时一定要注意，不要把指甲剪得太短，以免伤及皮肉。指甲两端的边缘部分，也不宜过分往下剪。用指甲锉打磨指甲边缘时，要记得从两边向中间打磨，不要来回打磨。

在修剪完指甲后，可以用磨光棒打磨指甲表面，效果跟抛光一样，使得指甲拥有自然光泽。

有的女生指甲周围容易长倒刺。这种情况，应该用指甲剪将倒刺从根部剪断，而不要用手去撕扯倒刺，这样容易伤到周围皮肤，造成流血，严重时甚至可能引起感染。另外，建议有长倒刺毛病的女生平时多吃些水果蔬菜，多补充维生素。

隔一段时间在指甲上涂一遍指甲修护霜一类的东西，最好养成勤上护甲油的习惯。护甲油不仅能保护指甲免受外界侵害，增加指甲的弹性和韧性，而且涂上护甲油之后的指甲看上去很有光泽。可以把护甲油当成指甲油来用。

二、指甲的装饰

做好日常护理的指甲，本身的形状和质地都会很好，透出一股自然的粉红色，本身已经很好看。但是长期只让指甲保持在这一种状态，未免有些单调，所以，指甲彩绘是一个很不错的选择。下面，小编就给大家介绍一个简单易行的指甲彩绘DIY方法。

步骤一：选择色泽浓稠的指甲油，涂在指甲上打底，只要有一层便好。至于颜色，可以根据自己的喜好来定，最好是能突出彩绘图案的颜色，如白色、粉红之类。

步骤二：用粉质的指甲油画出自己想要的图案。对于初学者来说，最好选择一些简单容易画的图案，如圆点、条纹、心形等。用毛刷蘸取少量的指甲油，快速地点在指甲上，就轻松画好一个圆点啦。至于条纹，则用毛刷蘸取指甲油后，整个斜躺在指甲面上，一条条纹就形成了。心形是由两个圆点连缀而成的。

步骤三：如果画上图案还嫌单调的话，可以贴上指甲彩绘用的亮片和贴纸，显得彩绘更加缤纷和立体。这种亮片和贴纸在市场上很容易买到。如果实在手拙或者懒得自己画的话，可以在涂上打底油后直接贴上亮片或贴纸，方便快捷。

步骤四：在做好彩绘的指甲上涂上一层透明的指甲油，不仅可以给彩绘定型，而且可以使原本的彩绘更加闪亮。如果没有纯透明的，也可以选择带亮粉的透明指甲油。

小贴士：每一个步骤完成，都要等到指甲油完全干透才能进行下一个步骤，否则容易把原本平滑如镜的指甲面搞成一团糨糊哟。

介绍完指甲彩绘DIY法，小编还要给大家说一说指甲彩绘的几个误区。

误区一：给指甲打薄。在很多指甲彩绘店里，美甲师会先给顾客把指甲打薄，再直接贴上仿真指甲。因为仿真指甲如果直接贴在原有的指甲上，会显得特别突兀，不自然，于是美甲师会将顾客指甲表面打薄。小编在这里要告诉女生们的是，打薄指甲对指甲伤害很大。因为指甲表面有一层保护层，保护指甲不受外界侵害。如果将这个保护层打磨掉，指甲对外界酸碱的抵抗能力就会变差，从而变得脆弱，容易折断，或者发黄发黑。

误区二：常年涂指甲油可以保护指甲。人的指甲跟皮肤一样，是有生命的，也需要呼吸新鲜空气。常年涂指甲油的人指甲会发黄发黑，脆弱易折断。这样的指甲，不涂指甲油就不好看，形成一个恶性循环的怪圈。所以，建议两周就将指甲油洗掉，让指甲在空气里休息两天。如果是已经被破坏的指甲，不要紧，指甲会自己生长，只要一大段时间不涂指甲便好。

误区三：指甲不会过敏。因为由指甲油过敏导致的过敏反应常常不在手脚上，所以指甲油过敏一直都不被人重视。事实上，由于涂了指甲油的手经常要接触身体其他部位，所以那些被接触的部位最容易有过敏反应，如脸颊、嘴唇、眼睛、脖子等。另外，指甲上悬挂的一些金属小挂饰和粘贴仿真指甲用的胶水也可能会引起过敏。

女生们，学会了指甲的保养，现在你们想不想自己尝试一下指甲彩绘了呢？